Forschungsberichte 

Band 106

**Berichte aus dem
Institut für Werkzeugmaschinen
und Betriebswissenschaften
der Technischen Universität
München**

Herausgeber:
Prof. Dr.-Ing. G. Reinhart
Prof. Dr.-Ing. J. Milberg

Springer-Verlag Berlin Heidelberg GmbH

Michael Wagner

Steuerungsintegrierte Fehlerbehandlung für maschinennahe Abläufe

Mit 94 Abbildungen

 Springer

Dr.-Ing. Michael Wagner
Institut für Werkzeugmaschinen und Betriebswissenschaften (iwb), München

Univ.-Prof. Dr.-Ing. G. Reinhart
o. Professor an der Technischen Universität München
Institut für Werkzeugmaschinen und Betriebswissenschaften (iwb), München

Univ.-Prof. Dr.-Ing. J. Milberg
o. Professor an der Technischen Universität München
Institut für Werkzeugmaschinen und Betriebswissenschaften (iwb), München

D91

ISBN 978-3-540-62656-5   ISBN 978-3-662-10057-8 (eBook)
DOI 10.1007/978-3-662-10057-8

© Springer-Verlag Berlin Heidelberg 1997
Ursprünglich erschienen bei Springer-Verlag Berlin Heidelberg New York 1997

Gesamtherstellung: Hieronymus Buchreproduktions GmbH, München.
SPIN: 10572473   62/3020-543210

Geleitwort der Herausgeber

Die Produktionstechnik ist für die Weiterentwicklung unserer Industriegesellschaft von zentraler Bedeutung. Denn die Leistungsfähigkeit eines Industriebetriebes hängt entscheidend von den eingesetzten Produktionsmitteln, den angewandten Produktionsverfahren und der eingeführten Produktionsorganisation ab. Erst das optimale Zusammenspiel von Mensch, Organisation und Technik erlaubt es, alle Potentiale für den Unternehmenserfolg auszuschöpfen.

Um in dem Spannungsfeld Komplexität, Kosten, Zeit und Qualität bestehen zu können, müssen Produktionsstrukturen ständig neu überdacht und weiterentwickelt werden. Dabei ist es notwendig, die Komplexität von Produkten, Produktionsabläufen und -systemen einerseits zu verringern und andererseits besser zu beherrschen.

Ziel der Forschungsarbeiten des *iwb* ist die ständige Verbesserung von Produktentwicklungs- und Planungssystemen, von Herstellverfahren und Produktionsanlagen. Betriebsorganisation, Produktions- und Arbeitsstrukturen sowie Systeme zur Auftragsabwicklung werden unter besonderer Berücksichtigung mitarbeiterorientierter Anforderungen entwickelt. Die dabei notwendige Steigerung des Automatisierungsgrades darf jedoch nicht zu einer Verfestigung arbeitsteiliger Strukturen führen. Fragen der optimalen Einbindung des Menschen in den Produktentstehungsprozeß spielen deshalb eine sehr wichtige Rolle.

Die im Rahmen dieser Buchreihe erscheinenden Bände stammen thematisch aus den Forschungsbereichen des *iwb*. Diese reichen von der Produktentwicklung über die Planung von Produktionssystemen hin zu den Bereichen Fertigung und Montage. Steuerung und Betrieb von Produktionssystemen, Qualitätssicherung, Verfügbarkeit und Autonomie sind Querschnittsthemen hierfür. In den *iwb*-Forschungsberichten werden neue Ergebnisse und Erkenntnisse aus der praxisnahen Forschung des *iwb* veröffentlicht. Diese Buchreihe soll dazu beitragen, den Wissenstransfer zwischen dem Hochschulbereich und dem Anwender in der Praxis zu verbessern.

Joachim Milberg   *Gunther Reinhart*

Vorwort

Die vorliegende Dissertation entstand während meiner Tätigkeit als wissenschaftlicher Mitarbeiter am Institut für Werkzeugmaschinen und Betriebswissenschaften (*iwb*) der Technischen Universität München.

Den Herren Prof. Dr.-Ing. Gunther Reinhart und Prof. Dr.-Ing. Joachim Milberg, unter deren Leitung diese Dissertation entstanden ist, gilt mein besonderer Dank für die langjährige gute und vertrauensvolle Zusammenarbeit sowie für ·die wertvollen Hinweise und Anregungen.

Herrn Prof. Dr.-Ing. Klaus Bender, dem Leiter des Lehrstuhls für Informationstechnik im Maschinenwesen der Technischen Universität München, danke ich sehr herzlich für die Übernahme des Korreferates und für das große dieser Arbeit entgegengebrachte Interesse.

Ferner gilt mein Dank allen Mitarbeiterinnen und Mitarbeitern des Instituts sowie allen Studenten, die mich während meiner Tätigkeit unterstützt und zum Gelingen dieser Arbeit beigetragen haben.

München, November 1996   *Michael Wagner*

1   Einleitung 1

  1.1   Ausgangssituation 1

  1.2   Zielsetzung und Einordnung der Arbeit 6

  1.3   Vorgehen im Rahmen der Arbeit 7

2   Stand der Technik 9

  2.1   Übersicht 9

  2.2   Steuerungen für Produktionsmaschinen 9

  2.3   Fehlerbehandlung in der Produktionstechnik 12

      2.3.1   Begriffe 12

      2.3.2   Wissen zur Fehlerbehandlung 18

          2.3.2.1 Wissensarten 18

          2.3.2.2 Wissensrepräsentation 20

      2.3.3   Verfahren zur Fehlerbehandlung 22

          2.3.3.1 Assoziative Verfahren 23

          2.3.3.2 Modellbasierte Verfahren 24

          2.3.3.3 Fallvergleichende und statistische Verfahren 25

          2.3.3.4 Numerische Verfahren 26

          2.3.3.5 Eignungsbeurteilung der Verfahren 27

  2.4   Systeme zur Fehlerbehandlung 28

      2.4.1   Übersicht 28

      2.4.2   Diagnosesysteme für einzelne Prozesse 29

      2.4.3   Diagnosesysteme für komplette Maschinen 32

      2.4.4   Systeme mit integrierter Fehlerbehebung 35

      2.4.5   Gegenüberstellung der Systeme 37

  2.5   Zusammenfassung 39

3   Anforderungsanalyse 40

  3.1   Übersicht 40

3.2   Technische Anforderungen 42

      3.2.1   Funktionsforderungen 42

      3.2.2   Betriebsforderungen 42

3.3   Schnittstellenforderungen 44

      3.3.1   Übersicht 44

      3.3.2   Prozeßschnittstelle 45

              3.3.2.1   Prozeßarten 45

              3.3.2.2   Informationsfluß zwischen Prozeß und Steuerung 47

      3.3.3   Bedienschnittstelle 50

      3.3.4   Schnittstelle zu übergeordneten Instanzen 52

3.4   Zusammenfassung 52

4   Konzeption der Fehlerbehandlung 54

4.1   Übersicht 54

4.2   Fehlererkennung 55

      4.2.1   Prinzip 55

      4.2.2   Informationsdarstellung 57

      4.2.3   Informationserfassung 58

      4.2.4   Informationsverarbeitung 61

      4.2.5   Zusammenfassung 64

4.3   Lokalisierung von Systemfehlern 65

      4.3.1   Übersicht 65

      4.3.2   Grundlegende Beschreibung des Maschinenmodells 68

      4.3.3   Ermittlung von Fehlerkandidaten 70

              4.3.3.1   Übersicht 70

              4.3.3.2   Verarbeitung der Erfolgs-Information 70

              4.3.3.3   Verarbeitung von Fehlerinformationen 74

      4.3.4   Prüfung auf Erfolg und Mißerfolg 76

4.3.5 Bestimmung und Durchführung von Testaktionen 80

    4.3.5.1 Klassifikation von Tests 80

    4.3.5.2 Ermittlung möglicher Testaktionen 81

    4.3.5.3 Ermittlung und Ausführung von Aktionsfolgen zur Kollisionsvermeidung 83

4.3.6 Zusammenfassung 92

4.4 Fehlerbehebung 94

4.4.1 Übersicht 94

4.4.2 Klassifikation von Maßnahmen zur Fehlerbehebung 96

4.4.3 Ermittlung und Durchführung von Behebungsmaßnahmen ... 101

4.4.4 Erfolgsprüfung 103

4.4.5 Zusammenfassung 104

4.5 Reentry 105

4.6 Zusammenfassung 108

5 Konzeption der Steuerungsstruktur 110

5.1 Übersicht 110

5.2 Steuerungsfunktionen 110

5.2.1 Klassifikation der Steuerungsfunktionen 110

5.2.2 Aktionsinterne Funktionen für den fehlerfreien Betrieb 111

5.2.3 Einsatzzeitpunkte aktionsinterner Steuerungsfunktionen 115

5.2.4 Aktionsübergreifende Funktionen 117

5.2.5 Nebenläufigkeit von Steuerungsfunktionen 121

5.2.6 Nebenläufigkeit von Elementaraktionen 124

5.2.7 Gesamtzahl erforderlicher Rechnertasks 125

5.3 Struktur der Maschinensteuerung mit integrierter Fehlerbehandlung. 126

5.3.1 Gesamtstruktur der Steuerung 126

5.3.2 Interne Struktur der Rechnertasks 128

5.4   Zusammenfassung 133

6   Prototypische Realisierung und beispielhafter Einsatz 134

  6.1   Übersicht 134

  6.2   Auswahl von Soft- und Hardwarebestandteilen 134

  6.3   Einsatzumgebung 136

  6.4   Einsatzbeispiel 138

      6.4.1   Steuerungsaufgabe 138

      6.4.2   Gestaltung der Fehlererkennung 139

           6.4.2.1 Preprozeß-Informationsverarbeitung 139

           6.4.2.2 Inprozeß-Informationsverarbeitung 140

           6.4.2.3 Postprozeß-Informationsverarbeitung 142

      6.4.3   Gestaltung des Anlagenmodells 145

      6.4.4   Beispiel einer durchgängigen Fehlerbehandlung 146

7   Zusammenfassung und Ausblick 151

8   Literatur 155

1 Einleitung

1.1 Ausgangssituation

Die Automatisierung von Produktionsvorgängen gewinnt zunehmend an Bedeutung für produzierende Unternehmen. Hierfür sprechen neben wirtschaftlichen und technologischen Gründen auch Aspekte der Risikoverminderung und der Arbeitserleichterung für den Menschen *(Anker & Wirth 1994)*. Vor dem Hintergrund sinkender Losgrößen und einer steigenden Variantenvielfalt bei Produkten wachsen zusätzlich die Anforderungen an die Flexibilität der Produktionstechnik *(Reinhart 1994)*.

Die Entwicklung geeigneter Werkzeugmaschinen und Fertigungssysteme ist daher von einer intensiven Aufgabenintegration geprägt, die zu einem starken Anwachsen der Anlagenkomplexität führt *(Milberg & Koch 1993)*. Mit zunehmender Komplexität, die nach *Patzak (1982)* von der Art und der Anzahl der Komponenten (Varietät) und von der Art und der Anzahl deren Beziehungen untereinander (Konnektivität) bestimmt wird, sinkt jedoch im allgemeinen die Verfügbarkeit technischer Systeme.

Eine von *Reithofer (1987)* über Ausfälle von Werkzeugmaschinen angefertigte Studie belegt diesen Zusammenhang. Auch *Milberg* und *Ebner (Milberg & Ebner 1994a, VDW 1994, S. 91-92)* bestätigen das tendenzielle Absinken der Verfügbarkeit mit zunehmender Komplexität in einer Untersuchung an Drehmaschinen und Bearbeitungszentren (Bild 1-1).

Danach beträgt der durchschnittliche Zeitanteil technisch begründeter Stillstände bei Bearbeitungszentren ca. 6% und bei Drehmaschinen ca. 3.5%. Diese Zeitanteile schwanken von Maschine zu Maschine sehr stark, beispielsweise bei Drehmaschinen zwischen 0.5% und 16%. Besonders ungünstig wirken sich Stillstände in verketteten Produktionsanlagen aus, wo der Ausfall einer einzelnen Maschine häufig den Stillstand der gesamten Anlage nach sich zieht. Hierbei kann der Anteil der Stillstandszeit leicht auf über 30% anwachsen.

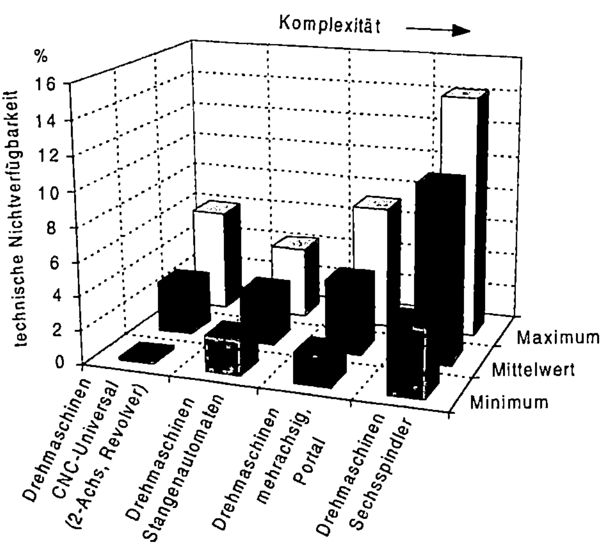

*Bild 1-1: Verfügbarkeit von Drehmaschinen in Abhängigkeit vom Komplexitätsgrad
(Milberg & Ebner 1994a)*

Wegen der hohen Kapitalbindung ist die Rentabilität dieser Anlagen nur durch eine ausreichende Nutzung zu erzielen. Die realen Verfügbarkeiten reichen jedoch für einen wirtschaftlichen Betrieb, der auch mannarme Schichten einschließen muß, oft nicht aus. Indiz dafür ist der mangelnde Einsatz hochautomatisierter, flexibler Produktionsmaschinen *(Milberg & Koch 1993, Breit u. a. 1994)*. Daher gewinnt die Steigerung der Verfügbarkeit von Produktionsanlagen zunehmend an Bedeutung.

Die wichtigsten Gründe für die geringe Verfügbarkeit komplexer Systeme liegen nach Bild 1-2 zum einen in der mit zunehmender Komponentenzahl wachsenden Ausfallhäufigkeit, was mit dem booleschen Modell nach der *VDI-Richtlinie 4008 (1986)* erklärbar ist. Zum anderen fällt aufgrund der mangelnden Übersichtlichkeit bei komplexen Systemen *(Maßberg & Seifert 1991)* oft ein hoher Zeitaufwand für die Lokalisierung und die Behebung von Fehlern an. Zudem kann die Fehlerbehandlung meist nur von hochqualifiziertem Instandsetzungspersonal in angemessener Zeit durchgeführt werden, was zusätzlich personelle Verfügbarkeitsprobleme aufwirft.

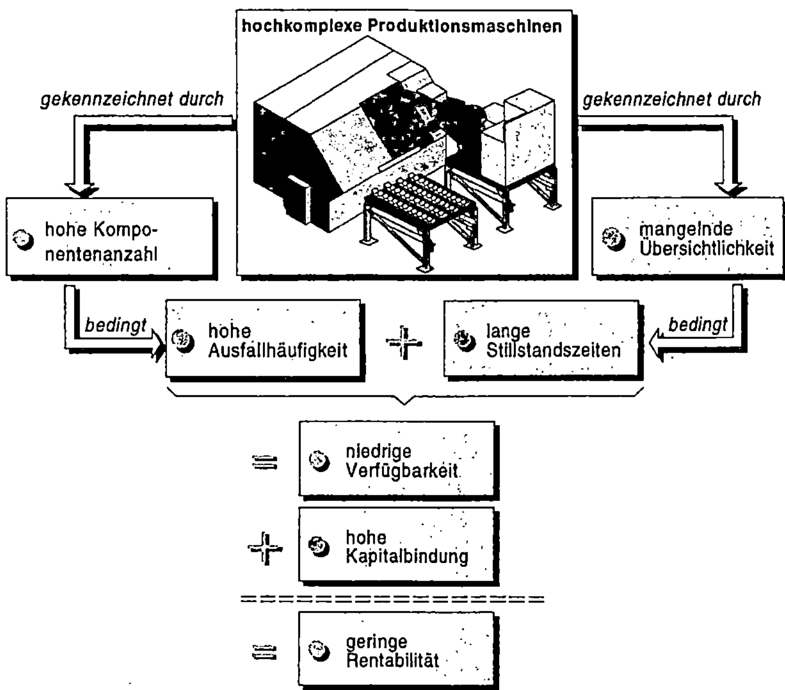

Bild 1-2: Beeinflussung der Rentabilität von Produktionsmaschinen durch ihre Komplexität

Nach *Uetz (1986, S. 43)* entfällt der größte Anteil technisch bedingter Stillstandszeiten bei Fertigungssystemen auf die Fehlerbehebung. Deutlich weniger Einfluß weisen vorbeugende Wartungs- und Inspektionsarbeiten auf. Daher gilt es vor allem, die störungsbedingten Stillstände zu vermeiden bzw. zu verkürzen.

Ein besonders hohes Verbesserungspotential besteht bei Kleinstörungen mit einer Reparaturdauer von weniger als 30 Minuten, die mit bis zu 70% an der Gesamtzahl der Störungen beteiligt sind. Ca. 40% aller Störungen können in weniger als 15 Minuten behoben werden *(Milberg & Ebner 1994b)*. Aufgrund ihrer extrem hohen Häufigkeit hemmen diese Kleinstörungen insbesondere den mannarmen Betrieb, da in dieser Zeitspanne im allgemeinen keine Fehlerbehebung durch das Instandsetzungspersonal möglich ist und die betroffenen Anlagen dann bis Schichtende stillstehen.

Bei Kleinstörungen entfallen nach *Feil (1994)* bis zu 87% der Instandsetzungszeit auf die Lokalisierung von Fehlern. Es handelt sich dabei meist um schnell zu behebende Fehler. Oft sind lediglich einfache Einstellarbeiten nötig, die bei entsprechender Anleitung auch von Maschinenbedienern ausgeführt werden können *(Milberg & Ebner 1994b)*. Durch die verstärkte Einbindung des Bedieners in den Instandsetzungsprozeß würde die Instandsetzungszeit, die im Durchschnitt zur Hälfte aus Wartezeit auf Instandsetzungspersonal besteht, deutlich reduziert werden *(Fähnrich 1990, S. 24-26)*.

Daraus leitet sich die Forderung nach einer aktiven, über das bloße Bereitstellen von Dokumentation hinausgehenden Rechnerunterstützung für die Fehlerbehandlung ab. *Seifert (1992, S. 12)* befürwortet die Integration von Diagnosefunktionalitäten in die Maschinensteuerungen aufgrund der Notwendigkeit zur Dezentralisierung in komplexen CIM-Strukturen. Auch *Schönecker (1992, S. 19)* fordert die Behandlung von Fehlern auf der niedrigstmöglichen Ebene, da nur dort der unmittelbare Zugriff auf diagnoserelevante Daten und die kürzesten Reaktionswege bestehen. Nur so können beispielsweise sporadisch auftretende Störungen, deren einzige Behandlungsmöglichkeit bisher oft im vorsorglichen Austauschen von Komponenten besteht, genau lokalisiert werden *(Diehl 1992, S. 23)*.

Über die von *Tönshoff & Seidel (1992)* geforderte automatische Erkennung und Lokalisierung von Fehlern hinaus leiten *Maßberg und Seifert (1991b)* die Notwendigkeit einer rechnerunterstützten Ausführung von Reaktionsmechanismen ab, um Stillstandszeiten zu reduzieren und den mannarmen Betrieb zu unterstützen. Für tolerierbare Fehler, wie beispielsweise beim Ausfall redundanter Elemente oder bei sporadischen Störungen, ist eine vollautomatische Reaktion anzustreben.

Durch eine entsprechend enge Kopplung der Funktionen zur Fehlerbehandlung an die Anlage ist die Unterstützung aller Phasen der Fehlerbehandlung von der Fehlererkennung über die Fehlerlokalisierung bis hin zur Fehlerbehebung möglich. Dadurch kann eine effizientere Produktion erreicht werden *(Fähnrich 1990, S. 44)*.

Nach Einschätzung von *Vossloh (1988, S. 43)* sind durch den Einsatz der rechnergestützten Fehlerbehandlung beispielsweise in Transferstraßen Reduzierungen der Ausfallzeiten um bis zu 40% erreichbar. *Luft & Gleisinger (1989)* beziffern die mögliche Zeiteinsparung bei der Fehlerlokalisierung auf bis zu 25%.

Die Ermittlung monetärer Vorteile gestaltet sich schwierig, da die Stillstandskosten stark von dem Einsatz der Maschine abhängen. Eine Wirtschaftlichkeitsuntersuchung, wie sie *Streifinger (1983, S. 96 - 102)* anstellt, berücksichtigt nur die unverkettete Einzelmaschine. Danach dürfte beispielsweise eine Werkzeugmaschine, deren organisatorische Verfügbarkeit bei 80% liegt, die konstante Betriebskosten von 50 DM/h aufweist und die in der Anschaffung ca. 680.000 DM kostet, bei einer Anhebung der technischen Verfügbarkeit von 90% auf 95% um ca. 40.000 DM teurer sein. Real auftretende Kostenvorteile bei einer derartigen Verfügbarkeitssteigerung können die hier ermittelten Werte jedoch bei weitem übersteigen.

Durch die rasche Entwicklung der Rechnertechnik hat die Integration der rechnergestützten Fehlerbehandlung in die Maschinensteuerungen in letzter Zeit besondere Bedeutung erlangt. Die Fehlerbehandlung nimmt bereits heute 15-30% des gesamten Softwareumfangs ein. Nach einer VDW-Studie wird dieser Anteil in Zukunft bis auf 90% ansteigen *(VDW 1990)*.

Die Integration von Diagnosefunktionalitäten ist insbesondere auf die ablaufgesteuerten Bereiche von Produktionsmaschinen auszurichten, da hier erfahrungsgemäß die meisten Störungen auftreten. Bei Werkzeugmaschinen zählen hierzu beispielsweise Werkzeug- und Palettenwechsler, die üblicherweise von Speicherprogrammierbaren Steuerungen (SPS) kontrolliert werden.

Herkömmliche Ablaufsteuerungen in Produktionsmaschinen sind in erster Linie für fehlerfreie Abläufe konzipiert und ermöglichen eine Einbindung fehlerbehandelnder Mechanismen oft nur unter großem Aufwand, z.B. durch Einführung zusätzlicher Befehle in die Anwenderprogramme. Hierdurch lassen sich jedoch einerseits bei weitem nicht alle Probleme lösen, andererseits werden dadurch die Programme sehr unübersichtlich, und die eingebrachten Mechanismen können nicht für die Entwicklung anderer Maschinen weiterverwendet werden *(Gini 1983)*.

Es wurden daher viele Systeme zur rechnergestützten Fehlerbehandlung entwickelt, die wegen der Vielschichtigkeit des Problemfeldes entweder nur Teilphasen der Fehlerbehandlung abdecken oder nur auf Teilprobleme zugeschnitten sind. Die meisten Systeme unterstützen die Erkennung und die meist interaktiv gesteuerte Lokalisierung von Fehlern. Der Fehlerbehebung im Sinne von umfassenden, automatisch durchgeführten Reaktionen wird nur geringer Raum in der Literatur zugestanden *(Koch & Köhne 1995)* und geht oft über das Vorschlagen vordefinierter Aktionen bzw. einfaches Stillsetzen der Anlage nicht hinaus. Ein Ansatz zur vollständigen Integration einer selbständigen, die komplette Wirkungskette und das komplette technische System überspannenden Fehlerbehandlung existiert derzeit für die maschinennahe Ebene nicht.

1.2   Zielsetzung und Einordnung der Arbeit

Eine vollständige und selbständige Fehlerbehandlung kann nur durch die Integration entsprechender Mechanismen in die Maschinensteuerung erreicht werden. Das Ziel der vorliegenden Arbeit besteht daher darin, einerseits geeignete Mechanismen zu entwikkeln und andererseits eine Steuerungsstruktur zu erarbeiten, die neben der Ausführung störungsfreier Prozesse gleichermaßen die Früherkennung und Behandlung auftretender Fehler ermöglicht. Dadurch soll die sichere und wirtschaftliche Nutzung komplexer Fertigungsanlagen gewährleistet werden.

Besonderes Gewicht liegt dabei auf einer möglichst hohen Selbständigkeit der Fehlerbehandlung, um insbesondere den Betrieb in mannarmen Schichten zu erleichtern. Wo die vollautomatische Fehlerbehandlung nicht durchführbar ist, ist in der Steuerung eine umfassende Führung und Unterstützung des Anlagenbedieners vorzusehen, um eine Fehlerbehandlung auch bei durchschnittlicher Bedienerqualifikation ausführen zu können.

Innerhalb der rechnergeführten Produktion existieren unterschiedliche informationstechnische Ebenen, die im *Ottawa Report (1986)* definiert werden und in Bild 1-3 dargestellt sind. Aufgrund der Ausrichtung auf maschinennahe Aspekte ist die vorliegende Arbeit in die Steuerungsebene dieser Gliederung einzuordnen.

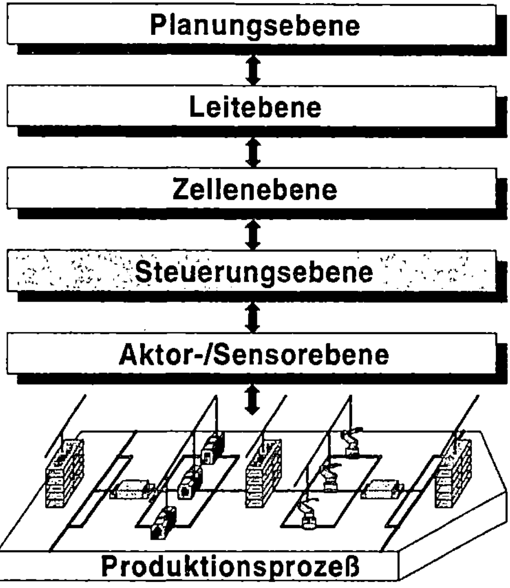

Bild 1-3: Informationstechnische Ebenen in der rechnergeführten Produktion (nach Ottawa Report 1986)

1.3 Vorgehen im Rahmen der Arbeit

Um die beschriebenen Ziele zu erreichen, wird die in Bild 1-4 dargestellte Vorgehensweise gewählt.

Anhand eines Überblicks über den Stand der Technik zu Steuerungen von Produktionsmaschinen und zur Fehlerbehandlung werden in Kapitel 2 die wichtigsten begrifflichen und technologischen Grundlagen geschaffen. Durch eine Analyse bestehender Systeme zur Fehlerbehandlung wird darüberhinaus Handlungsbedarf zur Erstellung der vorliegenden Arbeit abgeleitet.

Kapitel 3 beinhaltet eine Ermittlung der Anforderungen, die an die Funktionalität der zu entwickelnden Maschinensteuerung mit integrierter Fehlerbehandlung und an deren Schnittstellenverhalten zu stellen sind.

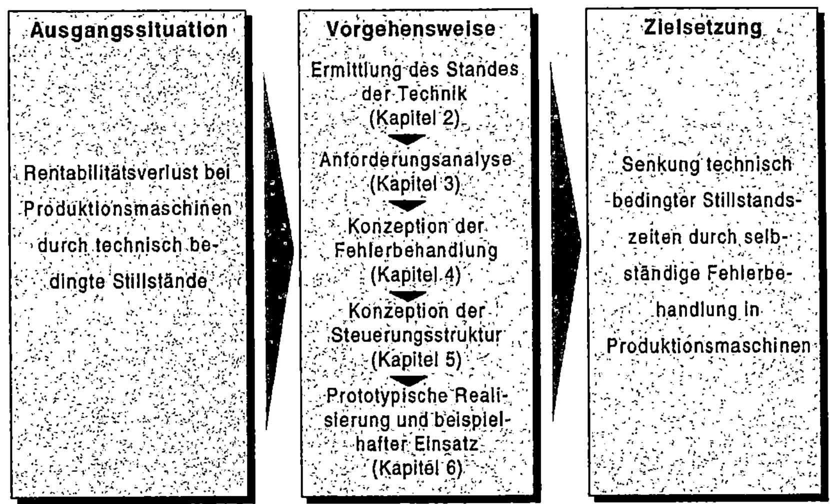

Bild 1-4: Vorgehen im Rahmen der Arbeit

Dieses Anforderungsprofil bildet die Basis für die sich anschließende, zweigeteilte Konzeption der Maschinensteuerung. Der erste Teil der Konzeption (Kapitel 4) beinhaltet die Entwicklung der für die selbständige Fehlerbehandlung notwendigen Mechanismen und Abläufe. Im zweiten Teil (Kapitel 5) werden zum einen die Funktionen zur Steuerung des fehlerfreien Betriebes entwickelt und an das Konzept der Fehlerbehandlung angepaßt. Zum anderen werden diese Funktionen zusammen mit den Mechanismen der Fehlerbehandlung zu einer Steuerungsstruktur zusammengefügt.

Den prinzipiellen Nachweis der Funktionsfähigkeit liefert die prototypische Umsetzung und beispielhafte Erprobung des Konzeptes. Hierzu wird in Kapitel 6 nach einer Auswahl grundlegender Hard- und Softwarebausteine ein Überblick über die Implementierung des Prototyps gegeben und dessen Funktionsweise am Beispiel einer Steuerungsaufgabe demonstriert.

2 Stand der Technik

2.1 Übersicht

Die Aufgaben der zu entwickelnden Maschinensteuerung setzen sich aus der Steuerung fehlerfreier Vorgänge und aus der Fehlerbehandlung zusammen. Da diese beiden Themenbereiche in bisherigen Entwicklungen weitgehend getrennt behandelt wurden, ist auch der folgende Überblick über den Stand der Technik zweigeteilt. Er besteht aus einer kurzen Erläuterung derzeit eingesetzter Maschinensteuerungen und aus einer Beschreibung existierender Verfahren und realisierter Systeme zur Fehlerbehandlung.

Neben dem Aufzeigen des Standes der Technik und der Begriffsklärung verfolgt dieses Kapitel das Ziel, eine Auswahlgrundlage für einzusetzende Verfahren zur Fehlerbehandlung zu schaffen sowie Handlungsbedarf für die Erstellung dieser Arbeit abzuleiten.

2.2 Steuerungen für Produktionsmaschinen

Die im Werkzeugmaschinenbau und in der gesamten metallverarbeitenden Industrie eingesetzten Steuerungen sind wegen der hohen Flexibilität und der geringen Herstellkosten heute vorwiegend rechnerbasiert. Nur in einigen sicherheitskritischen Bereichen, z.B. bei Sicherheitsendschaltern in Werkzeugmaschinen, finden noch starr verdrahtete Schaltungen Verwendung.

Die rechnerbasierten Steuerungen lassen sich in die Gruppen Speicherprogrammierbare Steuerungen (SPS, auch Programmable Logic Control - PLC - genannt), Industrieroboter-Steuerungen (Robot Control, RC) und computerbasierte numerische Steuerungen (Computerized Numerical Control, CNC) einteilen *(Barth u.a. 1988, Obrién 1990)*.

Speicherprogrammierbare Steuerungen
Speicherprogrammierbare Steuerungen werden vorwiegend für Schaltfunktionen eingesetzt, d.h. sowohl die Eingänge als auch die Ausgänge der Steuerung sind binär.

An Eingänge sind üblicherweise binäre Näherungssensoren, Druckschalter, Bedientasten usw. angeschlossen. Ausgänge steuern schaltende Aktoren und Stellglieder an, wie z.B. Hydraulikventile oder Elektromotoren. Wegen der geringen Strombelastbarkeit der Ausgänge erfolgt dies häufig über Relais und Schütze. Die Anzahl der von SPS gesteuerten Schaltfunktionen nimmt wegen der steigenden Automatisierung in der Produktionstechnik ständig zu. In modernen Bearbeitungszentren beispielsweise sind bis zu 200 binäre Eingangssignale von der SPS zu verarbeiten.

SPS besitzen einen oder mehrere Prozessoren, auf denen die Anwenderprogramme zyklisch abgearbeitet werden. Übliche Zeitdauern (Blockzykluszeit) für die Bearbeitung von 1024 Anweisungen liegen zwischen 0.5 ms und 5 ms *(Weck 1994a)*.

Aufgrund der zyklischen Arbeitsweise lassen sich mit SPS sowohl ereignisorientierte Verknüpfungssteuerungen als auch Ablaufsteuerungen realisieren. Verknüpfungssteuerungen werden in erster Linie zur Verarbeitung von asynchronen, d.h. zu beliebigen Zeitpunkten auftretenden Ereignissen verwendet. Ein Beispiel hierfür ist die Verarbeitung von Bedientastensignalen. Der größte Teil der automatisierten Produktionstechnik ist jedoch durch sequentiell operierende Ablaufsteuerungen realisierbar *(Seifert 1992, S. 28)*, bei denen das Weiterschalten zur jeweils nachfolgenden Operation zeit- oder zustandsgesteuert erfolgt. Ein sequentieller Ablauf liegt beispielsweise bei dem Werkzeugwechselvorgang in einem Bearbeitungszentrum vor.

Die Anwendersoftware kann in vier unterschiedlichen Formen als Anweisungsliste (AWL), Kontaktplan (KOP), Funktionsplan (FUP) oder Ablaufplan erstellt werden. In der Forschung werden wegen der höheren Übersichtlichkeit zustandsgraph- und petrinetzorientierte Ansätze *(z.B. Jörns u.a. 1995)* sowie objektorientierte Methoden verfolgt *(Schelberg 1994)*.

CNC-Steuerungen

CNC-Steuerungen werden vorwiegend in Werkzeugmaschinen eingesetzt. Sie dienen der numerischen Bewegungskoordination einer oder mehrerer Maschinenachsen und führen die für die Punkt-, Strecken- und Bahnbewegungen notwendigen Interpolationen und Regelungsaufgaben aus. Kennzeichen numerischer Steuerungen ist das Vorhandensein von Weg- oder Winkelmeßsystemen an den Bewegungsachsen, deren Meßwerte in die Steuerung zurückgeführt werden. Integrierte Lage- und Geschwindigkeitsregler sorgen für ein präzises Verfahren der Maschinenachsen nach den vorgegebenen Daten.

Die Verfahrbewegungen sind als alphanumerisch gespeicherte Abläufe in Anwenderprogrammen, sogenannten NC-Programmen, abgelegt. CNC-Steuerungen können daher auch als erweiterte Ablaufsteuerungen betrachtet werden, deren Zusatzfunktionalität durch die Fähigkeit zur schnellen Durchführung komplexer Berechnungsaufgaben und durch die Verarbeitungsmöglichkeit digitalisierter Analogsignale erreicht wird.

Aktuelle Entwicklungen in der Steuerungstechnik von Werkzeugmaschinen zielen unter der Bezeichnung *offene Steuerungen (Weck u.a. 1993)* auf die Standardisierung und Modularisierung von Steuerungssoftware sowie auf die Offenlegung von internen und externen Schnittstellen der Steuerungsmodule ab. Im Rahmen des ESPRIT-Projektes OSACA *(Pritschow 1994)* wird eine Standardisierung der Kommunikationsstrukturen erarbeitet, die die Einbindung anwendungsbezogener Funktionen (Applikationsmodule) in die Steuerungen erleichtert (Bild 2-5).

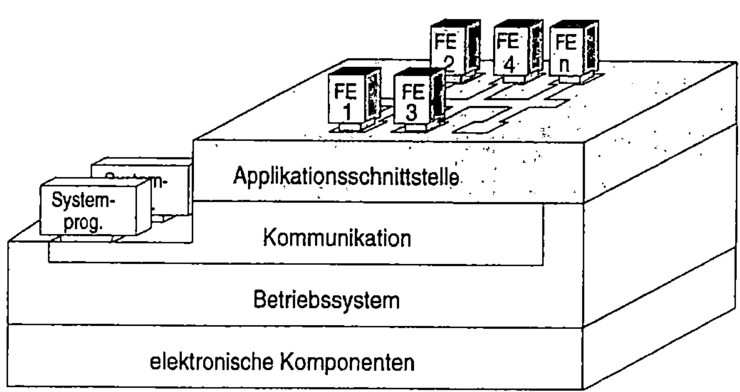

Bild 2-5: OSACA-Systemplattform für hardwareunabhängige Steuerungsapplikationen (Quelle: Pritschow 1994)

Die Entwicklung dieser Applikationsmodule, beispielsweise die Werkzeugverwaltung oder spezielle Interpolatoren für NC-Achsen, ist Inhalt des auf den OSACA-Standards aufbauenden BMBF-Projektes HÜMNOS *(Stotz 1995)*.

Ein weiterer Entwicklungstrend liegt in der wachsenden "Intelligenz" von Produktionsmaschinen und deren Komponenten *(Bender & Kaiser 1995)*. Damit ist ein erhöhter informationstechnischer Kommunikationsaufwand verbunden, für dessen Bewältigung zunehmend geeignete Kommunikationssysteme zum Einsatz kommen. Beispiele hierfür sind Feldbusse wie der Profibus *(Bender u.a. 1990)* oder der CAN-Bus *(Phytec 1994)*.

Industrieroboter-Steuerungen

Industrieroboter besitzen, ähnlich wie moderne Werkzeugmaschinen, ebenfalls nume-risch gesteuerte Achsen. Die auf Industrieroboter ausgerichtete RC-Steuerung ist daher vergleichbar mit der CNC. Da die Achsen bei Industrierobotern oft kinematische Ketten bilden, sind die Berechnungsalgorithmen für die Bahnsteuerung wesentlich aufwendiger und rechenintensiver als bei den CNC-Steuerungen. Zudem verfügen RC-Steuerungen über binäre und serielle Ein- und Ausgabeschnittstellen, die direkt vom Anwenderprogramm aus ansprechbar sind.

2.3   Fehlerbehandlung in der Produktionstechnik

2.3.1   Begriffe

Einige Begriffe zur Fehlerbehandlung werden in der Literatur mit unterschiedlichen Bedeutungen belegt und müssen daher für die weiteren Ausführungen geklärt werden.

Die Bezeichnungen *Fehler, Störung, Ausfall* und *Schaden* kennzeichnen Funktionsbe-einträchtigungen technischer Systeme. *Vossloh (1988, S. 27-28)* faßt sie in Anlehnung an *DIN 31051 (1985)* unter der Bezeichnung *Defekt* zusammen und versteht darunter unterschiedlich intensive Auswirkungen der Nichterfüllung einer Funktion (Bild 2-1). *Schönecker (1992)* prägt hierfür die Bezeichnung *Fehlergrade*, die auch im folgenden Verwendung findet.

Während Vossloh den Fehler als die leichteste Form der Nichterfüllung einer Funktion einstuft, verwendet *Schönecker (1992, S. 12-13)* diesen Begriff als Allgemeinbegriff für Funktionsbeeiträchtigungen technischer Systeme, wie er auch in der vorliegenden Arbeit verstanden werden soll.

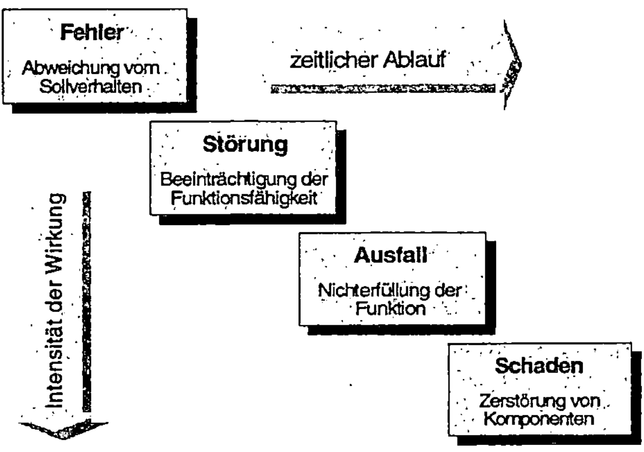

Bild 2-1: Fehlergrade (nach Schönecker 1992 und Vossloh 1988)

Söllner (1990) unterscheidet zwischen *dynamischen* und *statischen* Fehlern. Dynamische Fehler, wie z.B. das fehlerhafte Verlassen von Endlagen, treten zu bestimmten, vom Prozeßablauf abhängigen Zeitpunkten auf. Bei statischen Fehlern, wie beispielsweise bei einem dauerhaften Defekt eines Endlagesensors, handelt es sich um zeitlich unabhängige Erscheinungen.

In technischen Systemen bestehen verschiedenartige Abhängigkeiten zwischen den Systemkomponenten und den Prozessen, so daß ein Fehler nach Bild 2-2 unter Umständen Folgefehler hervorrufen kann, die entweder in temporal aufeinanderfolgenden Prozessen und Zuständen (Prozeß $_n$ folgt auf Prozeß $_{n-1}$ usw.) oder in physikalisch gekoppelten Komponenten weitere Fehler auslösen können (Fehler in Komponente $_{n-1}$ verursacht Fehler in Komponente $_n$ usw.). Abhängig vom Standpunkt des Beobachters innerhalb dieser *Kausalitätskette* kann ein Fehler entweder als *Fehlerursache* oder als *Fehlerauswirkung* gesehen werden.

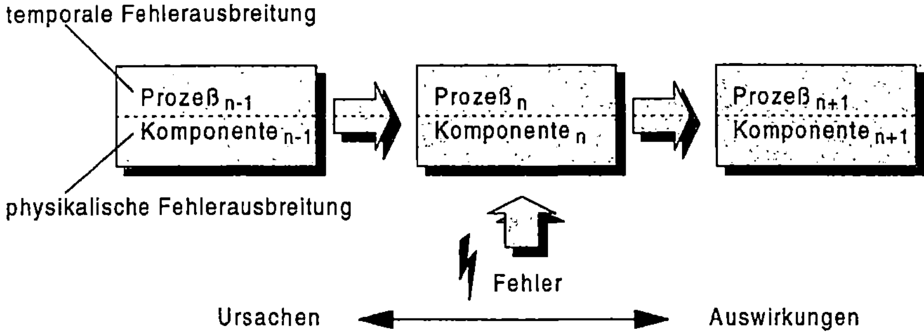

Bild 2-2: Kausalitätskette der Fehlerausbreitung

Die Behandlung eines Fehlers gliedert sich in die Stufen *Fehlererkennung, Fehlerlokalisierung* und *Fehlerbehebung (Hofmann 1990, S. 36-37). Schönecker (1992, S. 17-18)* bezeichnet die Abfolge dieser Stufen als *Wirkungskette der Fehlerbehandlung*.

Die Fehlererkennung hat die bloße Detektion eines Fehlerauftritts zur Aufgabe. Sie basiert auf der Auswertung von Abweichungen bestimmter Merkmale bei Prozessen, Komponenten oder Produkten gegenüber dem fehlerfreien Betrieb. Diese Abweichungen werden im allgemeinen als *Symptome* bezeichnet *(Härdtner 1992, S. 32)*. Die nähere Bestimmung des Fehlers nach *Fehlerort, Fehlerart* und *Fehlerursache* ist das Ziel der *Fehlerlokalisierung*.

Eine Einteilung der *Fehlerorte* nimmt Schönecker in *System, Prozeß* und *Produkt* vor. *Systemfehler* sind Defekte an mechanischen bzw. elektrischen Maschinenkomponenten oder Fehler in der Software. Als *Prozeß* bezeichnet Schönecker einerseits den Bearbeitungs- oder Montageprozeß, andererseits auch den zeitlichen Ablauf dieser Prozesse. Unter *Produktfehlern* sind Fehlermerkmale am gefertigten Werkstück bzw. am montierten Bauteil zu verstehen *(Schönecker 1992, S. 15-16)*.

Schuler (1991) verbindet mit dem Begriff *Fehlerart* die Klassenzugehörigkeit sowie eine nähere Beschreibung des Fehlers.

Die *Fehlerursache* ist meist ein in der Kausalitätskette vorausgehender Fehler.

Mit der *Fehlerbehebung* wird entweder durch eine Reparatur (*vollständige Fehlerbehebung*) oder durch eine Tolerierung bzw. Umgehung (*partielle Fehlerbehebung*) die Funktion des Systems zumindest teilweise aufrechterhalten. Wenn das System weiterhin seine Aufgabe korrekt erfüllen kann, wird dies nach Weck *(1989, S. 101 - 102)* und nach *Hofmann (1990, S. 34)* als *Fehlertoleranz* bezeichnet. Die Eigenschaft eines Systems, bei Fehlerauftritt in einen sicheren Zustand überzugehen, nennt Weck *Fehlersicherheit*.

Für die Gesamtheit der Vorgänge innerhalb der Wirkungskette der Fehlerbehandlung verwenden *Grimm (1987), Maßberg, Seifert (Maßberg & Seifert 1991b)* und *Schönecker (1992)* den Begriff *Diagnose*, während *Schwager (1983)* und *Hofmann (1990)* nur die Fehlererkennung und -lokalisierung unter dieser Bezeichnung zusammenfassen. Dagegen werden von *Möller (1994)* die Lokalisierung und die Behebung unter dem Begriff *Diagnose* zusammengefaßt, wobei die Fehlererkennung als *Überwachung* bezeichnet wird. *Härdtner (1992), Hüfner (1992), Isermann (1994), Scholz (1991), Weck (1994b)* und *Wiedmann (1993)* sehen ausschließlich die Fehlerlokalisierung als Aufgabe der Diagnose an. *Härdtner (1992)* prägt zusätzlich die *Fehlerermittlung* als Oberbegriff für die Fehlererkennung und -lokalisierung und unterteilt diese weiter in die *algorithmische Analyse* und die *heuristische Analyse*.

Unter *Diagnose* wird in der Literatur neben dem eigentlichen Vorgang der Fehlerlokalisierung auch dessen Ergebnis *(Schönecker 1992)* verstanden.

In der vorliegenden Arbeit soll der Begriff *Diagnosevorgang* für den Vorgang der Fehlerlokalisierung, dagegen *Diagnose* für dessen Ergebnis verwendet werden. Fehlererkennung, Fehlerlokalisierung (Diagnosevorgang) und Fehlerbehebung werden im folgenden unter dem Oberbegriff *Fehlerbehandlung* geführt.

Im Rahmen der Fehlerbehandlung wird unter *Wissen* im allgemeinen ein extrahiertes Abbild der gesamten Wirklichkeit *(Herden 1990)* in Form aufbereiteter Daten verstanden, die den Schlußfolgerungsmechanismen als Basis für Entscheidungen dienen. Beispiele für Wissen sind eine Datensammlung mit Zuordnungen von Symptomen und Fehlerursachen oder Daten, die den Aufbau und die Wirkungsweise einer Maschine beschreiben.

Im Gegensatz zu diesen hauptsächlich statischen (unveränderlichen) Daten soll der Begriff *Information* im folgenden für dynamische, gemäß den Gegebenheiten aktualisierte Daten verwendet werden.

Das Spektrum der Informationen im Rahmen der Fehlerbehandlung reicht von einfachen Sensorsignalen bis hin zu Befehlen oder Meldungen, die von intelligenten technischen Systemen oder vom Bedienpersonal generiert werden (Bild 2-3). Sie lassen sich vereinfachend in *binäre* ("ja-nein"-Aussagen), *diskrete* (Auswahl aus mehreren Aussagen) und *analoge* Informationen einteilen. Bei analogen Informationen ist zu unterscheiden zwischen *quantifizierten physikalischen Größen* und *Aussageevidenzen*, deren Höhe ein Maß für die Wahrscheinlichkeit darstellt, mit der eine Aussage zutrifft. Aussageevidenzen werden im Rahmen dieser Arbeit als Zahlenwerte zwischen *0.0* (zugehörige Aussage trifft nicht zu) und *1.0* (zugehörige Aussage trifft sicher zu) dargestellt.

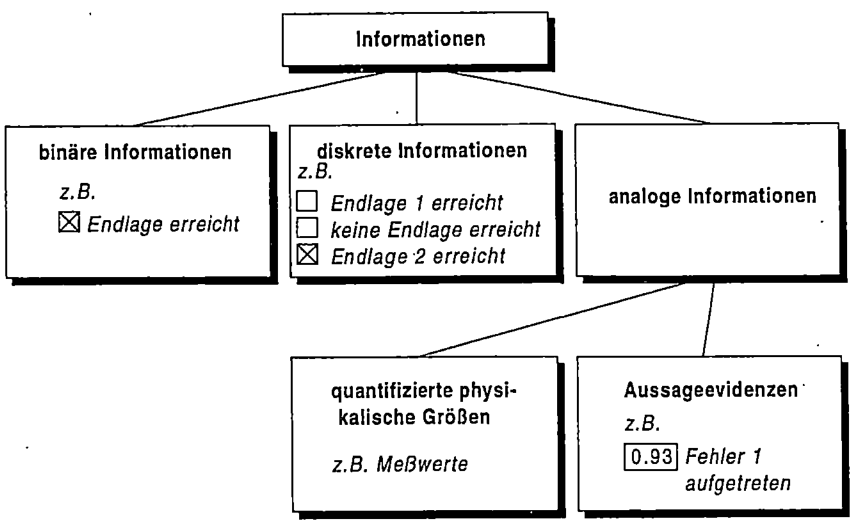

Bild 2-3: Einteilung der in Produktionsmaschinen auftretenden Informationen

Weitere, in der vorliegenden Arbeit verwendete Begriffe und deren Definitionen sind nachfolgend aufgeführt. Verweise auf Begriffe, die in dieser Aufstellung an anderer Stelle erklärt werden, sind mit "→" symbolisiert.

Aktionskette zur Kollisionsvermeidung:

Folge von →Elementaraktionen, die einen Maschinenzustand zur kollisionsfreien Ausführung einer gewünschten →Elementaraktion herstellt.

Aufwand:

Die Ausführung einer →Elementaraktion erfordert einen gewissen zeitlichen und evtl. personellen Aufwand. Als Maß für diesen Aufwand wurden die Parameter A_{zeit} und A_{per} eingeführt, deren Wertebereich sich von *0.0* (Aufwand gering) bis *1.0* (Aufwand hoch) erstreckt.

Aussage:

Tupel, bestehend aus einer alphanumerischen Zeichenkette sowie einer →Evidenz und einer →Konfidenz. Die Zeichenkette stellt einen Sachverhalt dar, dessen Zutreffenswahrscheinlichkeit durch die Evidenz und die Konfidenz ausgedrückt wird.

Elementaraktion:

Menge von Prozessen, die in der Maschinensteuerung als abgeschlossene, nicht weiter unterteilbare Aktion abgelegt ist.

Evidenz:

Maß für die Zutreffenswahrscheinlichkeit eines Sachverhalts im Wertebereich von *0.0* (Aussage wahrscheinlich nicht zutreffend) bis *1.0* (Aussage wahrscheinlich zutreffend).

Fehlerkandidat:

Als möglicher Fehlerort verdächtigte Maschinenkomponente bzw. möglicher Fehler.

Funktionale Abhängigkeit:

Zusammenhang zwischen zwei technischen Komponenten, wobei für die korrekte Funktion der einen Komponente die Intaktheit der anderen Komponente vorauszusetzen ist.

Konfidenz:

Maß für die Vertrauenswürdigkeit eines Sachverhalts im Wertebereich von *0.0* (Vertrauenswürdigkeit gering) bis *1.0* (Vertrauenswürdigkeit hoch).

Maschinenmodell:

Rechnerinterne, problemspezifische Abbildung der realen Produktionsmaschine. Neben der funktionalen Maschinenstruktur enthält das Modell auch Wissen zur Fehlerbehandlung. Das Maschinenmodell besteht aus einzelnen Objekten, die eine datentechnische Repräsentation von Maschinenkomponenten, Fehlern und →Elementaraktionen darstellen.

(Rechner-) Tasks:

Betriebssystemnahe Rechnerprozesse, die je einen eigenen Prozessor emulieren. Dadurch können Programme, die auf unterschiedlichen Rechnertasks ablaufen, quasiparallel ausgeführt werden.

Situationsparameter:

Parameter, die die Einsatzsituation einer Produktionsmaschine kennzeichnen. Dies sind die zeitliche Verfügbarkeit V_{zeit} und die Personalverfügbarkeit V_{per}. Der Wertebereich für beide Parameter liegt zwischen *0.0* (Verfügbarkeit gering) und *1.0* (Verfügbarkeit hoch).

2.3.2   Wissen zur Fehlerbehandlung

2.3.2.1   Wissensarten

Härdtner (1992, S. 27, S. 35) nimmt eine Einteilung der Wissensarten in *Fehlerwissen, Diagnosewissen, Prüfwissen, Maschinenwissen* und *Fachwissen* vor und unterscheidet zusätzlich nach Herkunft und Auswertung, Inhaltsart, Inhalt und Spezialisierungsgrad.

Specht (1989) unterteilt in *Faktenwissen, kausales Wissen, temporales, typisierendes, terminologisches, heuristisches Wissen, Kontextwissen, unvollständiges, vages, abgeleitetes* und *Metawissen.*

In der vorliegenden Arbeit soll in Anlehnung an *Puppe (1987)* eine Einteilung nach Bild 2-4 in *Oberflächenwissen* und *Tiefenwissen* gelten. Das Oberflächenwissen besteht aus empirisch gewonnenem Wissen. Es enthält keine Informationen über innere (kausale) Zusammenhänge und wird daher auch *phänomenologisches Wissen* genannt. Hierzu zählen das *statistische, falldatenbasierte* und *assoziative* Wissen.

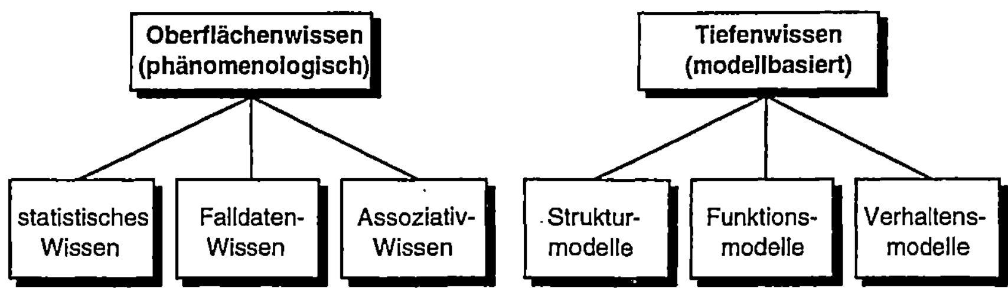

Bild 2-4: Wissensarten

Im Gegensatz dazu besteht das Tiefenwissen aus Modellen, die durch eine Abbildung der Struktur, der Funktion und des Verhaltens von Systemen kausale Zusammenhänge darstellen, aus denen die Symptom-Fehler-Zuordnungen erst zur Laufzeit generiert werden.

Strukturmodelle, in *Rumbaugh u.a. (1994)* auch *Objektmodelle* genannt, beschreiben den hierarchischen und topologischen Aufbau von Systemen sowie die Verbindungen und Abhängigkeiten von Teilsystemen. Unter *Verhaltensmodellen* wird der dem System aufgeprägte Ablauf verstanden, der z.B. in Form von Petri-Netzen dargestellt werden kann. *Funktionsmodelle* dienen zur Darstellung der erwarteten und möglichen zeitlichen Funktion eines Systems, also der zeitlichen Änderung der Ausgangsgrößen in Abhängigkeit von den Eingangsgrößen. Funktionsmodelle werden beispielsweise durch Differentialgleichungs-Systeme dargestellt.

Rumbaugh u.a. (1994) verwenden eine abweichende Nomenklatur, nach der Verhaltensmodelle als *dynamische Modelle* bezeichnet werden, Funktionsmodelle als *funktionale Modelle*.

2.3.2.2   Wissensrepräsentation

Die erläuterten, diagnoserelevanten Wissensarten sind im Rechner durch geeignete Repräsentationsformen darzustellen. Einen Überblick über gängige Methoden zur Darstellung von Wissen gibt Bild 2-5. Die Einteilung lehnt sich an *Reichgelt (1986)* und an *Specht (1989)* an.

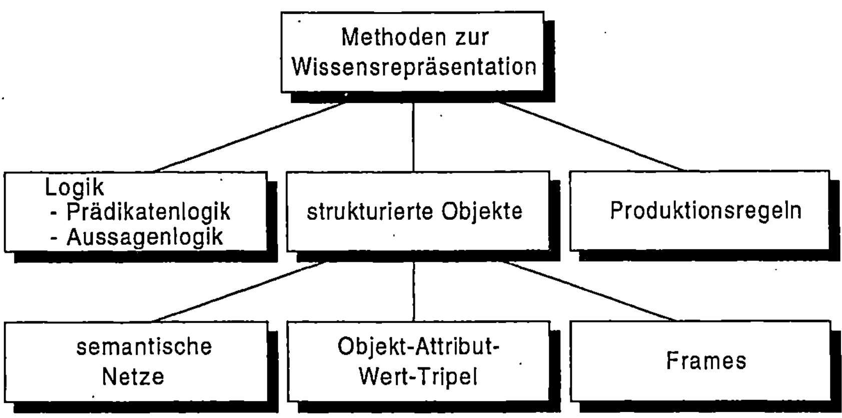

Bild 2-5: Methoden zur Wissensrepräsentation (Reichgelt 1986)

Eine der ältesten bekannten Darstellungsformen ist die Aussagenlogik. Das nach dieser Methode abgebildete Wissen besteht aus natürlichsprachigen Aussagen, die in ihrer inhaltlichen Bedeutung entweder wahr oder falsch sein können. Dieser rein binäre Wertebereich schränkt ihr Einsatzspektrum jedoch stark ein. Als Weiterentwicklung ist die Prädikatenlogik anzusehen, bei der durch die Zusammenfügung von Subjekten mit zwei- oder mehrwertigen Prädikaten elementare Sätze aufgebaut werden. Ein wesentlicher Vorteil der Prädikatenlogik ist die klare Trennung von Syntax und Semantik *(Specht 1989)*.

Große Verbreitung haben daneben die regel- und objektorientierten Darstellungen gefunden. Regelorientiertes Wissen liegt in Form einzelner "Wenn-Dann"-Regeln (Produktionsregeln) vor. Durch die klare Trennung zwischen dem regelverarbeitenden Inferenzmechanismus und dem Wissen ist die Wissensbasis leicht zu erweitern. Zudem ist die Wissensverarbeitung häufig auch bei diffusem Wissen erfolgreich.

Als Methoden der objektorientierten Wissensdarstellung bieten Repräsentationen strukturierter Objekte in semantischen Netzen (z.B. Petri-Netze, Graphen), Objekt-Attribut-Wert-Tripeln und Frames die Möglichkeit, sowohl Tiefen- als auch Oberflächenwissen abzubilden. Beispiele hierfür sind hierarchische Zellen- oder Komponentenbeschreibungen auf Basis von Objekten, die durch "besteht aus"- oder durch "ist ein"- Relationen miteinander verbunden werden. Auch vernetzte Strukturen lassen sich mit objektorientierten Methoden leicht abbilden.

Bei der objektorientierten Darstellungsweise werden direkt die Objekte der zu modellierenden Anwendungswelt nachgebildet. Dadurch ist eine hohe Analogie zwischen dem Modell und der realen Welt gegeben. Teilbereiche in dem Modell entsprechen direkt den Teilbereichen in der Realität. Daher ist eine Modularisierung des Modells, verbunden mit einer lokalen Betrachtung von Teilbereichen, möglich. Zusätzlich ist eine gute Wissensstrukturierung gegeben *(Schönecker 1992, S. 50)*. Die objektorientierte Darstellung von Wissen ist daher mit einer guten Erweiterbarkeit des Wissens verbunden. Wegen dieser Vorteile setzt sich die objektorientierte Wissensdarstellung zunehmend durch.

Die Vorgehensweise bei der objektorientierten Modellbildung ist in *Rumbaugh (1993)* beschrieben. Dabei wird unterschieden zwischen *Objektklassen*, die den Aufbau von Objekten beschreiben, und *Objektinstanzen*, die die Objekte der realen Welt repräsentieren. Für die bildliche Darstellung der Objektklassen werden *Klassendiagramme* verwendet, Objekte werden in *Instanzendiagrammen* abgebildet.

2.3.3   Verfahren zur Fehlerbehandlung

Die existierenden Verfahren zur Fehlerbehandlung beschränken sich meist auf die Fehlererkennung und -lokalisierung.

Eine allgemein übliche Klassifikation von Verfahren zur System- und Prozeßdiagnose nimmt *Puppe (1987)* vor. Er unterscheidet die Gruppen der *statistischen* und *fallvergleichenden, heuristischen* (bzw. *assoziativen*) und *modellbasierten* Verfahren. *Schönecker (1992, S. 31-37)* ergänzt diese Darstellung um die *numerischen Verfahren* und ordnet sie zusammen mit den statistischen Verfahren unter dem Oberbegriff *funktionale Verfahren* ein (Bild 2-6). Zusätzlich bezeichnet *Schönecker* Kombinationen aus modellbasierten und assoziativen Verfahren als *hybrid wissensbasiert* und Kombinationen aus wissensbasierten, numerischen, statistischen und fallvergleichenden Methoden als *hybrid*.

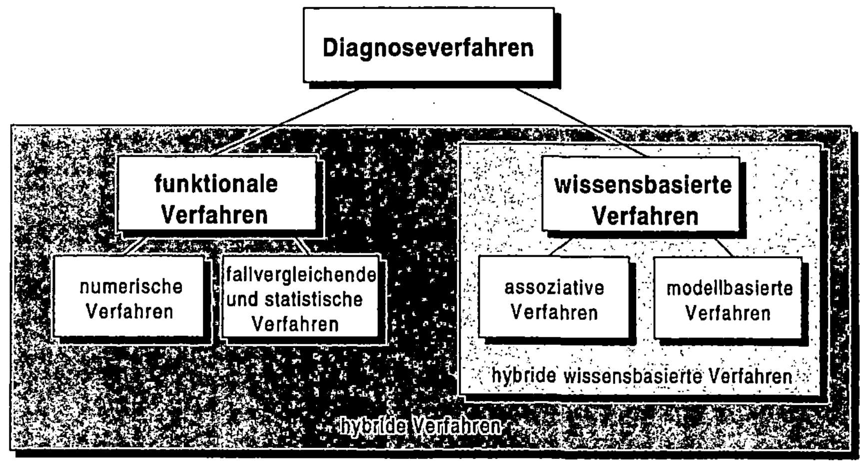

Bild 2-6: Einteilung von Diagnoseverfahren (Schönecker 1992)

2.3.3.1   Assoziative Verfahren

Assoziative Verfahren verwenden Erfahrungswissen ohne tiefere kausale Kopplung als Basis für die Diagnoseerstellung. Daher wird dieses Wissen auch "flaches Wissen" genannt. Der Unterschied zu den statistischen bzw. fallvergleichenden Verfahren besteht darin, daß das Wissen als Fragmentsammlung in Form expliziter Regeln (z.B. "Wenn-Dann"-Regeln) vorliegt und erst zur Laufzeit, meist unter enger Einbeziehung des Bedieners, zu Diagnosen kombiniert wird.

Assoziative Ansätze finden sich in den meisten industriell eingesetzten Systemen. Einen Überblick über assoziative Verfahren gibt z.B. *Specht (1989)*. Sie sind breit einsetzbar und liefern schnell Ergebnisse, allerdings sind sie kaum objektivierbar, und das Wissen ist weniger gut strukturierbar. Bei umfangreichen Problemen verringert dies Effizienz und Erweiterbarkeit. Ihr Einsatzgebiet sind Systeme, bei denen der Aufbau von Modellen deutlich aufwendiger ist.

Nach *Puppe (1987)* besitzen die assoziativen Verfahren nur eine geringe Erklärungsfähigkeit und eine geringe Fähigkeit, ihre eigene Kompetenz einzuschätzen. Assoziative Verfahren können nur aussagenadäquate Einzel-Informationen verarbeiten. Die direkte Analyse beispielsweise von Sensor-Signalverläufen ist nicht möglich.

Als Spezialfall der assoziativen Verfahren sieht *Schönecker (1992)* im Gegensatz zu *Vossloh (1988)* die *klassifizierenden Verfahren* an. Sie fallen in den Bereich der Mustererkennung, bei der die Diagnose nicht durch einen Schlußfolgerungsvorgang auf Basis eines Suchverfahrens erstellt wird, sondern durch Musterabgleich zwischen der realen Welt und abgespeicherten Zustands-, Ereignis- bzw. Fehlermustern. Dadurch eignen sie sich insbesondere für Anwendungen, in denen große, schlecht strukturierbare Eingangsdatenmengen anfallen. Auch sind klassifizierende Verfahren nicht auf Aussagen als Eingangsdatenmenge beschränkt.

Ein Beispiel für klassifizierende Verfahren sind lernende Verfahren, wie z.B. Neuronale Netze, die in letzter Zeit an Bedeutung gewonnen haben und in verschiedenen Literaturstellen, wie z.B. *Hafner u.a. (1992), Kaiser (1992), Kistner u.a. (1994), Knapp & Wang (1992)*, beschrieben sind. Lernende Klassifikatoren können ihre interne Schlußfolgerungsstruktur automatisch festlegen, indem sie in einer Lernphase Beispieldaten und zugehörige Klassenzuordnungen in mehreren Iterationsschleifen trainieren. Nach erfolgreichem Abschluß der Lernphase sind die Klassifikatoren in der Lage, zu einer bekannten Klasse gehörige Daten richtig zuzuordnen. Der Vorteil dieser Verfahren liegt in der einfachen Handhabbarkeit auch bei komplexen Zusammenhängen und großen Datenmengen.

2.3.3.2   Modellbasierte Verfahren

Im Gegensatz zu den assoziativen Verfahren, deren Schlußfolgerungen auf expliziten Symptom-Ursache-Zusammenhängen basieren, benutzen die modellbasierten Verfahren eine rechnergerechte Beschreibung des Verhaltens, der Funktion oder der Struktur des technischen Systems. Diese analytische Beschreibung, auch Modell genannt, stellt eine kausale, implizite Verknüpfung zwischen Ursache (Fehler) und Auswirkung (Symptom) her. Durch verschiedene, dem Modell angepaßte Verfahren ist eine Erkennung bzw. Lokalisierung von Fehlern möglich.

Der Begriff *modellbasiert* wird in der Literatur mit unterschiedlicher Bedeutung belegt. *Herden (1990)* definiert modellbasierte Systeme als eine Kombination von *analytischen Systemen*, z.B. Differentialgleichungen, und *heuristischen (assoziativen) Systemen*. *Schönecker (1992)* und *Specht (1989)* verwenden den Begriff allgemein für *wissensbasierte Systeme*, die einen Fehler als Unterschied zwischen einem realen Objekt und einem Rechnermodell dieses Objektes darstellen. Hierbei schließt *Schönecker (1992)* ereignisorientierte Verfahren, wie z.B. Petri-Netze, ein, klammert aber numerische bzw. mathematische Verfahren aus. *Vossloh (1988)* zählt die mathematischen Verfahren, soweit sie ein Abbild des Prozesses oder des Systems darstellen, zu den modellbasierten Verfahren. Im Gegensatz zu der von *Schönecker (1992)* verwendeten Definition sollen hier die mathematischen Verfahren eingeschlossen sein, wenn sie die Funktion eines Systems oder einen Prozeß nachbilden, wie bei *Vossloh (1988, S.61)* gezeigt.

Vorteile modellbasierter Systeme liegen in der guten Objektivierbarkeit und Erklärungsfähigkeit. Außerdem nimmt die Aussagesicherheit am Rande des Wissensgebietes nicht so schnell ab, was unter dem Namen *graceful degradation* bekannt ist. Die

Effektivität und Robustheit ist meist höher als bei assoziativen Systemen *(Schönecker 1992, S. 36)*, allerdings sind die Schlußfolgerungsmechanismen meist sehr aufwendig und damit langsam. In modellbasierte Verfahren wird in erster Linie "a-priori"-Wissen eingebracht, das häufig aus der Konstruktionsphase einer Produktionsmaschine stammt. Die Unterbringung von reinem Erfahrungswissen während der Nutzung durch den Bediener ist kaum möglich. Meist wird auch der Bediener bei modellbasierten Verfahren zur Fehlerlokalisierung nicht involviert. Daher sind modellbasierte Verfahren alleine nicht geeignet, das komplette Wissen zur Fehlerbehandlung abzubilden.

Die Modellbildung verlangt einen hohen Erstaufwand und eine gute Kenntnis des technischen Systems. Eine Modellbildung ist nur bei Formalisierbarkeit des Problems möglich, dann aber bis zu weitgehend beliebigen Komplexitäten. Einmal erstellt, erfordern viele Modelle nur einen geringen Aufwand bei Wissenserweiterungen und weisen somit eine gute Wartbarkeit auf.

2.3.3.3 Fallvergleichende und statistische Verfahren

Fallvergleichende Verfahren basieren auf einfachen Suchmechanismen, die eine Sammlung bereits bekannter Symptom-Fehler-Paare mit einem aktuellen Symptommuster vergleichen. Ausgehend von dem beobachteten Symptommuster kann durch Vergleich mit den gespeicherten Datensätzen der zugehörige Fehler ermittelt werden.

Bei den *statistischen Verfahren* wird der Zusammenhang zwischen Ursache (Fehler) und Wirkung (Symptom) über statistische Merkmale hergestellt. Im allgemeinen wird bei dem statistischen Diagnosevorgang nur das Problem der Diagnosebewertung aus einer unsicheren Menge möglicher Diagnosen gelöst. Der wichtigste statistische Ansatz basiert nach *Puppe (1987)* auf dem Theorem von Bayes, das die Berechnung der Wahrscheinlichkeit einer Diagnose aus einer Menge von Diagnosen für die vorliegende Symptomatik erlaubt.

Der Vorteil der statistischen Verfahren liegt nach *Puppe (1987)* und *Fähnrich (1990)* in der Objektivierbarkeit der Ergebnisse. Nach *Fähnrich (1990)* zeichnen sie sich durch Effizienz, Erweiterbarkeit und Formalisierbarkeit der Darstellung aus. Allerdings sind diese Verfahren wegen des hohen Erhebungsaufwandes nur für

Problembereiche und für Systeme niedriger Komplexität bzw. nur für Teilbereiche und für ein enges Wirkungsspektrum nutzbar. Daher werden statistische Verfahren häufig mit anderen Verfahren kombiniert *(Schönecker 1992)*.

Fallvergleichende und statistische Verfahren sind auf die Existenz von Daten über bereits bekannte Fehler angewiesen. Daher eignen sie sich nur für die Behandlung von gehäuft auftretenden Fehlern. Vorteil ist, daß wegen der einfachen Erweiterbarkeit der Datensammlung ein neues Symptom-Fehler-Paar ohne großen Zeitaufwand, beispielsweise durch den Maschinenbediener, definiert werden kann. Auf diese Weise entsteht ein umfangreiches Erfahrungswissen über das Betriebsverhalten der Anlage, das in die Anlagenentwicklung zurückfließen und somit langfristig zu Verbesserungen beitragen kann.

2.3.3.4 Numerische Verfahren

Als *numerische Verfahren* sollen hier alle signalverarbeitenden mathematischen Verfahren zur Prozeßdatenverarbeitung angesehen werden. Sie dienen dem Zweck der Datenverdichtung, Merkmalsextraktion oder Signalfilterung bzw. Verminderung von Störrauschen, aber auch dem direkten Erkennen von Fehlern, z.B. auf Basis boolescher Logik. Diese Verfahren benötigen kein Wissen im definierten Sinne, da es sich um fest programmierte Algorithmen handelt, die evtl. mit variablen Parametern versorgt werden.

Kühne (1985, S. 29) und *Hüfner (1992, S. 21)* unterteilen die Verfahren zur Signalverarbeitung in Verfahren zur Merkmalberechnung von Signalen (z.B. Trendermittlung, Extremwert- und Mittelwertbildung), arithmetische Operationen (z.B. Addition, Multiplikation), logische Verknüpfungen (z.B. AND, NOR), Analysen von Signalverläufen (z.B. Varianz-, Spektrum-, Kepstrum-Analysen) und Vergleiche von Signalen (z.B. Grenzwert-Analysen). Eine Beschreibung gängiger Verfahren liefern z.B. *Heymann & Lingener (1986)* und *Schrüfer (1990)*.

Neuronale Netze stellen einen Sonderfall dar. Durch ihre vielseitige Einsetzbarkeit fallen sie, wenn sie als Klassifikatoren dienen, wie beschrieben in den Bereich der assoziativen Verfahren. In allen anderen Einsatzfällen, beispielsweise bei Verwendung als Signalfilter, werden sie im Rahmen der vorliegenden Arbeit zu den numerischen Verfahren gezählt.

2.3.3.5 Eignungsbeurteilung der Verfahren

Eine beurteilende Gegenüberstellung der beschriebenen Verfahren wird in Bild 2-7 gegeben. Darin wird einerseits die Eignung der verschiedenen Verfahren für die einzelnen Phasen der Fehlerbehandlung untersucht. Andererseits erfolgt eine Abschätzung des Aufwandes für die Erstellung und die Erweiterung des zugrundeliegenden Wissens.

Eine automatische Fehlererkennung, deren Aufgabe hauptsächlich aus der Auswertung von Sensorsignalen besteht, ist in erster Linie mit numerischen und auf Funktionsmodellen basierenden Verfahren möglich. Diese beiden Verfahren unterscheiden sich jedoch im Aufwand für die Einbringung und Erweiterung von Wissen, der bei dem modellbasierten Ansatz aufgrund der hohen Wissenstiefe größer ist. Für die Fehlerlokalisierung und die Fehlerbehebung eignen sich diese Verfahren aufgrund der Wissensfokussierung auf einzelne Prozesse und Maschinenkomponenten kaum.

Diese Aufgaben lassen sich insbesondere durch Strukturmodelle abdecken, die den Aufbau der gesamten Maschine darstellen und daher eine prozeßübergreifende, systemweite Fehlerlokalisierung zulassen. Bei geeignetem Modellaufbau sind darüberhinaus auch Wissenselemente zur Fehlerbehebung darstellbar. Wie bei allen modellbasierten Verfahren ist allerdings der Aufwand für die Ersterstellung des Modellwissens relativ hoch.

Dagegen zeichnen sich fallvergleichende und statistische Verfahren durch eine einfache Erstellung und Erweiterung des Wissens aus. Sie eignen sich allerdings nicht für die Fehlererkennung und nur bedingt für die Fehlerlokalisierung.

Aus diesen Betrachtungen wird deutlich, daß kein Verfahren alleine geeignet ist, um die komplette Wirkungskette der Fehlerbehandlung zu umspannen. Daher ist in der zu entwickelnden Maschinensteuerung eine Kombination aus mehreren Verfahren vorzusehen, für deren Auswahl Bild 2-7 als Basis dienen kann.

Kriterien / Verfahren	Eignung für			Aufwand für	
	Fehler-erkennung	Feherlo-kalisierung	Fehler-behebung	Wissens-erstellung	Wissens-erweiterung
assoziativ	▬	✚	◎	◎	✚
Struktur-modell	▬ ▬	✚ ✚	✚	▬	✚
Verhaltens-modell	◎	◎	◎	▬	✚
Funktions-modell	✚ ✚	◎	◎	▬	▬
fallver-gleichend	▬	✚	▬	✚	✚ ✚
statistisch	▬ ▬	◎	▬	◎	✚ ✚
numerisch	✚ ✚	▬ ▬	▬ ▬	✚	◎

Legende	Eignung	Aufwand
✚ ✚	sehr gut geeignet	sehr gering
✚	geeignet	gering
◎	prinzipiell geeignet (Zusatzaufwand)	mäßig
▬	kaum geeignet	hoch
▬ ▬	ungeeignet	sehr hoch

Bild 2-7: Eignungsbeurteilung der vorgestellten Verfahren zur Fehlerbehandlung

2.4   Systeme zur Fehlerbehandlung

2.4.1   Übersicht

Bereits sehr frühzeitig wurde die Bedeutung der automatisierten Fehlerbehandlung für die Produktionstechnik erkannt, jedoch entstanden erst mit Einzug der Rechnertechnik in Produktionsmaschinen erste Systeme zur Prozeßüberwachung.

In Abhängigkeit vom Stand der Technik und vom wirtschaftlich tragbaren Einsatzaufwand wurde eine Vielzahl unterschiedlicher, auf den jeweiligen Einsatzfall zugeschnittener Systeme realisiert. Sie unterscheiden sich durch die Anwendungsbreite, das zugrundeliegende Verfahren und die Vollständigkeit der Fehlerbehandlung. Im folgenden wird aus der Vielzahl existierender Systeme eine repräsentative Auswahl beschrieben, die nach der Verfahrensart und nach der Vollständigkeit der Fehlerbehandlung geordnet ist.

2.4.2 Diagnosesysteme für einzelne Prozesse

Numerische Prozeßüberwachung

Einfache Systeme beruhen auf der Analyse von Meßgrößen, die direkt mit den interessierenden Prozeßparametern korrelieren oder aus deren Verlauf sich direkt ein Fehler, wie z.B. Werkzeugbruch, erkennen läßt. Häufig werden Prozeßkräfte und -momente oder Körperschallamplituden beobachtet.

Meist sind diese Systeme in Form getrennter, oft speziell für diesen Zweck entwickelter Rechner realisiert. Sie arbeiten vollautomatisch und geben bei Fehlerauftritt ein Signal oder eine Klartextinformation aus, dienen also in erster Linie der Fehlererkennung. Nachfolgend werden beispielhaft einige Arbeiten aufgeführt, in denen solche Überwachungseinrichtungen realisiert wurden.

Nordmann (1994) entwickelte eine multisensorielle Einrichtung zur Erkennung von Werkzeugbruch, deren Überwachungsmechanismus auf der Toleranzbandanalyse beruht. Sie ist lernfähig, d.h. das Toleranzband paßt sich automatisch der Umgebung an. Über eine serielle Schnittstelle können an die CNC-Steuerungen Meldungen abgesetzt werden.

Ein System zur Überwachung des Werkzeugverschleißes mittels Bildverarbeitung beschreibt *Weis (1994)*. Die Signalverarbeitung dieses Systems, das auf einem Personal-Computer (PC) implementiert ist, erfolgt durch eine Simulation Neuronaler Netze.

König und Ketteler (1994) verbinden die Werkzeugverschleiß- und -bruchüberwachung durch eine Analyse von Körperschallsignalen, die ebenfalls auf einem von der Steuerung getrennten Rechner durchgeführt wird.

Warnecke u.a. (1994) führen eine Überwachung des Bearbeitungsprozesses anhand der Analyse von Zerspankraft- und Schwingungssignalen durch. Wegen der Komplexität der Zusammenhänge zwischen Einflußgrößen und Prozeßparametern werden Neuronale Netze gegenüber aufwendigen Modellen zur Signalanalyse bevorzugt.

Während die beschriebenen Systeme auf einzelne, kontinuierliche Prozesse ausgerichtet sind, entwickelte *Obrién (1990)* die automatische Überwachung des Signalweges bei speicherprogrammierbaren Steuerungen auf Basis der Signalspannungsanalyse. An jede zu überwachende Signalleitung wird eine Diagnose-Hardwareeinheit angekoppelt, die den Leitungszustand durch einen Vergleich des gemessenen Spannungswertes mit einer Spannungs-Fehler-Zuordnungstabelle ermittelt und über eine digitale Schnittstelle an einen Diagnoseprozessor weitergibt. Somit lassen sich Kurzschlüsse und Leitungsunterbrechungen sowie Fehler in der Ausgangselektronik der SPS detektieren. Eine zusätzliche Aufgabe des Diagnoseprozessors ist die Zeit- und Reihenfolgeüberwachung der SPS-Programmschritte. Das System kann neben permanenten auch sporadische Fehler erkennen.

Im Gegensatz zu diesen, auf einzelne Prozesse und Komponenten fokussierten Systemen ist das von *Kühne (1985)* entwickelte System zur Fehlererkennung für die Überwachung beliebiger unterschiedlicher Prozesse einsetzbar und wird daher der für Produktionssysteme typischen Heterogenität von Prozessen und Komponenten gerecht. Mittels einer Beschreibungssprache wird vom Anwender die prozeßspezifische Erfassung und Verarbeitung von Daten konfiguriert. Als Grundlage dient ein Baukastensystem, in dem Mechanismen zur Verarbeitung sowohl einzelner Signale (z.B. Trendermittlung) als auch mehrerer Signale und Prozeßparameter (z.B. Neuronale Netze) abgelegt sind. Das System besteht aus einem Mehrprozessorrechner, der über binäre Signale einfache Befehle, z.B. zum Abschalten der Antriebe, an den Steuerungsrechner der überwachten Anlage senden kann.

Modellbasierte Prozeßüberwachung

Die bisher aufgeführten Systeme basieren auf numerischen und fallvergleichenden Verfahren, mit denen der Fehler direkt oder über einfache Berechnungsvorschriften aus den gemessenen Prozeßsignalen ermittelt wird. In vielen Fällen ist die prozeßnahe Unterbringung geeigneter Sensoren jedoch mit einem hohen Aufwand verbunden. Daher wurden Verfahren entwickelt, die aus prozeßfernen, leichter erfaßbaren physikalischen Größen mittels mathematischer Modelle die interessierende Prozeßgröße ermitteln. Auch heute beruhen viele Überwachungseinrichtungen auf dem Prinzip der Modellbildung.

Ein solches mathematisches Modell wurde von *Schönherr (1992)* zur Werkzeug-Verschleißdiagnose bei dem Zerspanprozeß Drehen entwickelt. Aus gemessenen prozeßfernen physikalischen Größen werden mit diesem Modell verschiedene Prozeßparameter geschätzt und deren Verlauf mit den üblichen Verfahren, wie z.B. Grenzwertüberwachung und Regressionsanalyse, untersucht. Zusätzlich zu den gemessenen physikalischen Größen werden aktuelle Technologieparameter, wie beispielsweise Werkstoff, Werkzeugart, Vorschub- und Schnittgeschwindigkeit, berücksichtigt.

Schönherr entwickelte das System auf einem eigenen VME-Bus-Diagnoserechner, der über eine DNC-Schnittstelle mit dem Steuerungsrechner der Drehmaschine kommuniziert. Zur Synchronisation der beiden Rechner wurde das NC-Programm um Hilfsbefehle erweitert, die die aktuellen NC-Satznummern an den Diagnoserechner übertragen. Dort werden spezifische, mit den Satznummern assoziierte Diagnosestrategien ausgeführt. Die Diagnoseergebnisse (Verschleißzustände) werden für den Bediener graphisch ausgegeben.

Vossloh (1988) stellte ebenfalls Untersuchungen zur modellgestützten Überwachung des Drehprozesses an, um Werkzeugverschleiß zu erkennen. Das von ihm entwickelte Diagnosesystem ist als Experimentierplattform in einem steuerungsexternen Rechner untergebracht. Neben der modellgestützten Schnittkraftermittlung wurde die Schwingungsanalyse prototypisch realisiert. Zusätzlich zur Prozeßüberwachung entwickelte Vossloh ein mit statistischem Wissen kombiniertes Strukturmodell zur bedienergeführten Fehlerlokalisierung.

Eine Übersicht über weitere kommerzielle Systeme zur Werkzeugüberwachung gibt *Schönherr (1992, S. 16).*

Die Implementierung von Funktionen zur Fehlerbehandlung auf einem von der Maschinensteuerung getrennten Rechner als "stand-alone"-Lösung hat den Nachteil, daß die Erfassung von Prozeßsignalen nur über relativ langsame Kommunikationsschnittstellen oder über zusätzliche Sensoren bzw. Hardware erfolgen kann. Bedingt durch die mangelnde Anbindung an den Prozeß und den fehlenden Zugriff auf Aktoren und Stellglieder ist eine schnelle Reaktion auf auftretende Fehler, die über das bloße Abschalten hinausgeht, nur unter großem Aufwand zu erreichen. Voraussetzung für eine vollständige Fehlerbehandlung ist daher die Integration der Diagnosefunktionalität in den Steuerungsrechner.

Ein Beispiel hierfür stellt *Pilland (1986)* vor. Basierend auf Grundideen von *Streifinger (1983)* entwickelte er ein System für den on-line-Kollisionsschutz in Drehmaschinen. Das System überwacht prozeßbegleitend die Konturen der durch NC-Achsen bewegten Komponenten (Werkzeug, Werkstück, Drehfutter usw.) auf Durchdringungsgefahr. Die Konturen werden dabei durch zweidimensionale Polygonzüge angenähert. Tritt ein erhöhter Bedarf an Rechenleistung auf, so verlangsamt dieses System den Vorschub der Drehmaschine. Im Falle einer drohenden Kollision wird die Bearbeitung gestoppt.

Moser (1991) setzt diese Entwicklung fort, indem er die Kollisionskontrolle unter Verwendung von Polyedermodellen im dreidimensionalen Raum durchführt. Ein eng an die Maschinensteuerung angekoppelter Transputer-Rechner erbringt die hierfür notwendige hohe Rechenleistung.

Die Systeme von *Moser* und *Pilland* sind der Fehlerbehandlung im weiteren Sinne zuzuordnen, da sie NC-Programmfehler erkennen und Schäden präventiv vermeiden.

2.4.3 Diagnosesysteme für komplette Maschinen

Neben den beschriebenen, auf einzelne Prozesse oder Maschinenkomponenten zugeschnittenen Diagnosesystemen wurden Forschungsarbeiten zur rechnergestützten

Fehlerbehandlung an kompletten Produktionsmaschinen durchgeführt. Hierbei stand zunächst die Bedienerunterstützung bei der Fehlerlokalisierung im Vordergrund.

Wegen der Abgeschlossenheit und der unzureichenden Leistungsfähigkeit der Steuerungsrechner sind viele der realisierten Systeme ebenfalls auf Zusatzrechnern implementiert. Meist besteht keine oder nur eine geringe Kopplung mit der Anlagensteuerung oder mit der Anlage selbst. Die benötigten Informationen beschafft sich der Diagnoserechner im allgemeinen durch den interaktiven Bedienerdialog.

Assoziative Systemdiagnose

Ein Beispiel für ein rein assoziatives System zur Unterstützung des Bedieners bei der Fehlerlokalisierung beschreibt *Fähnrich (1990)*. Die Wissensbasis dieses Prototyps besteht aus Fakten (deklarativer Teil) und "Wenn-Dann"-Regeln (prozeduraler Teil).

Fakten werden als Tupel der Form (Faktname, Wertemenge) dargestellt. Der aktuelle Wert aus der Wertemenge eines Fakts wird zur Laufzeit aus Sensor- oder Bedienerabfragen bzw. aus der Auswertung weiterer Regeln ermittelt. Fähnrich ergänzt den realisierten Prototyp um eine heuristische Fehlerhäufigkeit und einen heuristischen Beantwortungsaufwand für Fragen. Außerdem wird die Aussagesicherheit einer Regel abgeschätzt. Das System ist in die Maschinensteuerung als fest programmierter Speicherbaustein (EPROM) integriert.

Durch die Integration besteht eine einfache Zugriffsmöglichkeit auf die Sensordaten der Maschine. Trotz des hohen Integrationsgrades werden allerdings keine automatischen Reaktionen ausgeführt. Eine Erweiterung des Wissens zur Laufzeit ist nicht vorgesehen.

Ebenfalls auf die Bedienerunterstützung bei der Fehlerlokalisierung wurde das von *Kiratli (1989)* beschriebene System ausgerichtet. Kiratli verwendet Assoziativwissen in Form von Symptom-Ursachen-Zuordnungen, die in eine hierarchisch gegliederte, komponentenorientierte Strukturbeschreibung der Anlage eingebettet sind. Das Wissen ist objektorientiert in Form von Frames abgespeichert, die der Inferenzalgorithmus zunächst nach der "top-down"-Methode durchsucht und bei Bedarf auf vorhergehende Suchebenen zurückspringt ("back-tracking"). Zur Effizienzsteigerung wird das Fehlerwissen in eine Matrixdarstellung umgewandelt und der Suchraum durch ein Ausschlußverfahren eingegrenzt.

Das System ist auf einem steuerungsexternen Rechner implementiert. Eine Ankopplung an den Prozeß zum Zwecke des Einlesens von Information kann entweder über die DNC-Schnittstelle der CNC oder über eine parallele Kommunikationsschnittstelle der SPS erfolgen.

Modellbasierte Systemdiagnose

Glockmann (1992) verwendet ein Verhaltensmodell, in dem die binär gesteuerten Anlagenabläufe durch Petri-Netze dargestellt werden. Anhand dieses Verhaltensmodells erfolgt in einer ersten Stufe eine Fehlereingrenzung auf den ausgefallenen Funktionsbereich. Die zweite Stufe der Fehlerlokalisierung beinhaltet die Diagnose der zugehörigen Sensor-Aktor-Kette nach einer festen Vorgehensweise.

In dem von Glockmann realisierten prototypischen Aufbau sind die Aufgaben zur Fehlerlokalisierung, Bedienerunterstützung und DNC-Kommunikation mit der Maschinensteuerung auf mehrere Rechner verteilt.

Hybride Systemdiagnose

Die Verwendung von erweitertem, hybridem Wissen stellt *Schönecker (1992)* vor. Das als Fehlerbaum vorliegende Assoziativwissen wird von einem auf Petri-Netzen basierenden Verhaltens- und Zustandsmodell sowie von einem Strukturmodell ergänzt. Der assoziative Teil mit Strukturmodell dient der Systemdiagnose, der modellbasierte Teil der Prozeßdiagnose.

Durch die Integration in den Zellenrechner wird neben der Erkennung und Lokalisierung von Fehlern auch eine automatische Fehlerbehebung in Form einer Aktionswiederholung oder alternativer Zellenabläufe, die zusammen mit den Fehlerursachen in einer Datenbasis abgelegt sind, möglich. Da das Diagnosesystem für die Zellenebene ausgelegt ist, besteht keine Eignung für eine direkte Echtzeit-Steuerung von maschinennahen Prozessen und für die Erfassung und Auswertung von Prozeßsignalen.

Härdtner (1992) erarbeitete eine umfassende Wissensrepräsentation für Fertigungseinrichtungen. Dabei werden Beschreibungen funktionaler und struktureller Zusammenhänge sowie Darstellungen von Fehler- und Testwissen in einem framebasierten Gesamtmodell integriert und exemplarisch auf einem Personal-Computer implementiert. Neben einfachen Anfragen an den Bediener schlägt das

System auch Tests zur Fehlerlokalisierung vor, die vom Bediener ausgeführt und deren Ergebnisse dem Rechner mitgeteilt werden müssen. Eine Prozeßankopplung besteht nicht.

Eine ähnliche Zielsetzung wie *Härdtner* verfolgt auch *Wiedmann (1993)*, indem er die Möglichkeit schafft, Wissen sehr tief zu modellieren und mit Oberflächenwissen zu kombinieren. Die Wissensstrukturierung erfolgt im Gegensatz zu *Härdtner* in zwei unterschiedlichen Modellen, einem Komponenten- und einem Verhaltensmodell, deren Elemente untereinander verknüpft werden. Es kommen verschiedene Diagnosestrategien zum Einsatz, die auch Tests einschließen. Da der UNIX-Diagnoserechner nur lesend auf die Steuerung zugreift, sind die Tests vom Bediener auszuführen.

2.4.4   Systeme mit integrierter Fehlerbehebung

Eine Untersuchung zur Beschreibung und Ausführung von Reaktionen bei speicherprogrammierbaren Steuerungen (schaltende Vorgänge) wurde von *Schneider (1994)* durchgeführt. *Schneider* verwendet zur Reaktionsbeschreibung Graphen auf verschiedenen Ebenen (Einzelsignalebene, Einzelgraphen- und Reaktionsgraphenebene). Auf Einzelsignalebene werden nur die an der jeweiligen Funktion beteiligten Signale modifiziert. Zu den Aufgaben der Einzelgraphenebene zählt das Sperren und Freigeben von Aufträgen und das Ausführen alternativer Graphen. Auf Reaktionsgraphenebene findet das Umschalten zwischen verschiedenen, dem jeweiligen Fehlerfall entsprechenden Einzelgraphen statt. Ein Compiler übernimmt die Umsetzung der vom Benutzer definierten Graphen in ein SPS-ähnliches Programm der Hochsprache "C", das anschließend mit einem üblichen "C"-Compiler in ein Maschinenprogramm des jeweils verwendeten Mikrorechners umgesetzt wird. Der Schwerpunkt dieser Arbeit liegt eindeutig auf der Beschreibung von Reaktionen auf auftretende Fehler. Fehlererkennung und -lokalisierung sind nicht explizit berücksichtigt.

Fehlererkennung, Fehlerlokalisierung und einfache Reaktionen auf Fehler finden in dem von *Diehl (1992)* vorgeschlagenen steuerungsperipheren System zur Fehlerbehandlung statt. Als mögliche Reaktionen gibt *Diehl* die Abschaltung bzw. Blockierung der Anlage sowie die Tolerierung, d.h. Ignorierung des Fehlers an.

Der von *Diehl* entwickelte Rechner zur Fehlerbehandlung wird zwischen die Anlagensteuerung (SPS) und die Anlagenkomponenten (Sensoren, Stellglieder, Aktoren) geschaltet. Die Sensorsignale werden vom Fehlerbehandlungs-Rechner erfaßt, analysiert und in Form eines um Diagnoseinformationen erweiterten (bewerteten) Zustandsabbildes an die SPS weitergegeben. In umgekehrter Richtung werden die Aktorsignale der SPS an die Aktoren weitergereicht.

Besonderen Schwerpunkt legt *Diehl* auf die Verwendung überwachungsgerechter Komponenten, da die hierdurch gewonnenen zusätzlichen Informationen für eine sichere Tolerierung von Fehlern notwendig sind.

Das System greift auf strukturelles, signalbezogenes und funktionales Wissen zurück, das in Form von Listen abgelegt ist. Es erfolgt keine Fehlerlokalisierung durch Suchalgorithmen oder durch das Hinzuziehen des Bedieners, wie es bei den oben beschriebenen, modellbasierten Systemen teilweise der Fall ist. Ferner ist das System ausschließlich auf die Verarbeitung binärer Signale beschränkt.

Automatische Reaktionen zur Fehlerbehebung werden auch in dem von *Brynjolfsson und Arnström (1989)* entwickelten System zur Fehlerbehandlung bei roboterbasierten Montageanlagen ausgeführt. Ein externer Expertensystem-Rechner ist über Sensoren mit dem Montageprozeß verbunden und unterbricht bei Fehlerauftritt den Ablauf für eine Fehlerlokalisierung. Falls die Fehlerlokalisierung erfolgreich verläuft, schlägt das Expertensystem eine vordefinierte Fehlerbehandlungs-Routine vor, die von der Robotersteuerung automatisch ausgeführt wird.

Als Beispiel für eine in die Anwenderprogramme integrierte Fehlerbehandlung ist das von *Seifert (1992)* entwickelte System zu nennen, das auf einem durch Petri-Netze dargestellten Verhaltensmodell basiert. Es ist für den Einsatz auf Steuerungs-, Zellen- und Leitebene der CIM-Struktur geeignet und führt anhand eines logischen und zeitlichen Vergleichs zwischen den realen und den im Modell ermittelten binären Zustandsvektoren eine Fehlererkennung mit nachfolgender fehlerbaumbasierter Lokalisierung durch. Anhand einer Entscheidungstabelle werden Reaktionen, wie "Notaus", "Nothalt", "Don't care" oder "eingeschränkter Anlagenbetrieb", ausgeführt. Entscheidungen über einen eingeschränkten Anlagenbetrieb werden dabei in erster Linie auf der Leit- und der Zellenebene gefällt.

Die Darstellung der Mechanismen zur Fehlerbehandlung erfolgt auf Steuerungsebene durch die Integration in das SPS-Programm, während auf Leit- und Zellenebene entsprechend erweiterte Petri-Netze implementiert werden.

Mit der selbständigen Generierung und Ausführung von Abläufen zur Entstörung einer Montageanlage befaßte sich *Enderle (1989)*. Es wurde ein Algorithmus entwickelt, der, ausgehend von einer manuell zu erstellenden Analyse erlaubter Einzelzustände und Einzelzustands-Übergänge, selbständig Zustands- und Zustandsübergangsvektoren generiert. Auch über Zwischenzustände führende Wege werden gefunden. Ähnlich wie bei *Seifert (1992)* werden die Mechanismen rechnerunterstützt einmalig generiert und in ein SPS-Programm eingebracht.

Hüfner (1992) untersuchte eine Lösung zur Fehlerdiagnose am Beispiel einer Radial-Umformmaschine. Bedingt durch die Integration sind einfache Reaktionen, wie schnelles Abschalten, Anhalten oder der Aufruf zum Nachbessern des Werkstückes, realisierbar. Das System basiert auf der Grenzwert- und Toleranzbandüberwachung analoger Meßgrößen. Die Grenzwertvorgabe erfolgt über Prozeßmodellrechnungen.

Mittels einer Falldatensammlung werden die Fehlerursachen lokalisiert und als Bedienermeldungen ausgegeben. Da die Verarbeitungsgeschwindigkeit des verwendeten Rechners für eine On-Line-Kollisionskontrolle zu gering ist, wird das System um Hardware-Komparatoren mit fest eingestellten Grenzwerten ergänzt.

2.4.5   Gegenüberstellung der Systeme

Bild 2-8 gibt einen Überblick über die wichtigsten Merkmale der vorgestellten Systeme. Bei vielen Systemen wird die Wirkungskette der Fehlerbehandlung nicht vollständig ausgeführt. Wird eine Fehlerbehebung auf Steuerungsebene vorgesehen, so gehen die vorgeschlagenen Maßnahmen oft über einfache Reparaturanweisungen oder das Stillsetzen der Maschine nicht hinaus.

	Inform.-technische Einordnung			Elemente der Fehlerbehandlung			verarbeitete Information				Integrationsgrad				
	Steuerungsebene	Zellenebene	Leitebene	Fehlererkennung	Fehlerlokalisierung	Fehlerbehebung	analoge Prozeßsignale	binäre Zustandssignale	Steuerungsmeldungen	Bedienerinformationen	externer Rechner mit Bedienerdialog	externer Rechner mit Kommunikation	externer Rechner an Sensorik	Erweiterung der Anwenderprogramme	Integration in die Maschinensteuerung
Kühne 1985	X			X			X				X				
Pilland 1986	X			X			X		X						X
Vossloh 1988	X			X	X		X	X					X		
Kiratli 1989	X	X			X			X	X		X				
Enderle 1989	X			X	X	X	X							X	
Obrién 1990	X			X				X					X		
Fähnrich 1990	X			X	X			X							X
Moser 1991	X			X			X		X						X
Seifert 1992	X	X	X	X	X	X		X						X	
Schönherr 1992	X			X			X				X				
Schönecker 1992		X		X	X	X		X	X		X				
Hüfner 1992	X			X	X	X	X				X				
Härdtner 1992	X	X		X						X	X				
Glockmann 1992	X			X				X			X				
Diehl 1992	X			X			X	X	X				X		
Wiedmann 1993	X				X			X			X				
Schneider 1994	X					X		X					X		

Bild 2-8: Gegenüberstellung der beschriebenen Diagnosesysteme

Ein wichtiger Grund hierfür liegt im allgemeinen darin, daß durch die unzureichende Steuerungsintegration der Mechanismen zur Fehlerbehandlung nur eine lose Prozeßankopplung des Diagnoserechners besteht. Der fehlende direkte Zugriff auf Sensorsignale und auf die Aktorik der Produktionsmaschine verhindert eine durchgängige, vollautomatische Fehlerbehandlung.

Andererseits weisen viele Realisierungen eine Ausrichtung auf einzelne Prozesse bzw. Komponenten auf und können ausschließlich die hierfür relevanten Informationsarten, meist entweder nur binäre Signale oder nur analoge Prozeßdaten, verarbeiten. Daher werden sie der Heterogenität von Komponenten und Prozessen in Produktionsmaschinen nicht gerecht.

2.5   Zusammenfassung

Die bisherige Entwicklung der Produktionstechnik weist eine Trennung zwischen der Steuerungstechnik für den fehlerfreien Betrieb und der Fehlerbehandlung auf. Eine wesentliche Ursache hierfür liegt in der mangelnden Eignung üblicher Maschinensteuerungen zur Implementierung einer umfassenden Fehlerbehandlung. Daher wurden bisher keine Systeme zur vollständigen, integrierten Fehlerbehandlung realisiert, obwohl eine Vielzahl unterschiedlicher Verfahren zur Fehlerbehandlung existiert.

Aus diesen Überlegungen leitet sich die Notwendigkeit zur Erarbeitung eines Konzeptes für eine selbständige, vollständige und auf alle Komponenten und Prozesse einer Produktionsmaschine anwendbare Fehlerbehandlung und deren Integration in die Maschinensteuerung ab. In der vorliegenden Arbeit soll hierfür durch die Konzeption einer Steuerung mit integrierter Fehlerbehandlung für maschinennahe Abläufe ein Beitrag geleistet werden.

3   Anforderungsanalyse

3.1   Übersicht

Als direkte Vorbereitung für die Konzeption der Maschinensteuerung werden in diesem Kapitel die wichtigsten Anforderungen geklärt, die sich aus den Aspekten der Steuerung des fehlerfreien Betriebes und der Fehlerbehandlung ergeben.

Ehrlenspiel u.a. (1988b) unterscheiden *technisch-wirtschaftliche Anforderungen*, die sich auf das zu entwickelnde Produkt selbst beziehen, und *organisatorische Anforderungen*, die aus dem Produkt-Erstellungsprozeß resultieren (Bild 3-1). Als "Produkt" ist hierbei die zu entwickelnde Maschinensteuerung zu sehen.

Die technisch-wirtschaftlichen Anforderungen lassen sich weiter untergliedern. Sie setzen sich einerseits aus *rein technischen Anforderungen* zusammen, die an den *Funktionsumfang* des Produktes und an dessen *Betriebsverhalten* gestellt werden, sowie aus *Kostenanforderungen* und *rechtlichen Anforderungen*. Daneben sind *Schnittstellenforderungen* zu berücksichtigen, die das Zusammenwirken des Produktes mit technischen und nichttechnischen Elementen seiner Umgebung festlegen.

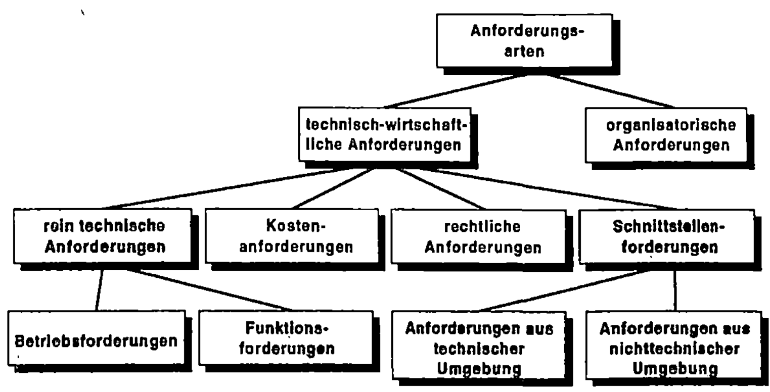

Bild 3-1: Anforderungsarten nach Ehrlenspiel u.a. (1988b)

Der Schwerpunkt der vorliegenden Forschungsarbeit liegt in den technischen Aspekten der zu entwickelnden Maschinensteuerung. Dies bedeutet, daß die Funktionen und das Betriebsverhalten sowie die Gestaltung der Schnittstellen im Vordergrund stehen. Kostenforderungen sind im Rahmen eines Wirtschaftlichkeitsnachweises zu berücksichtigen, sollen aber nicht detailliert untersucht werden. Ebenso werden rechtliche und organisatorische Anforderungen im folgenden nicht betrachtet.

Eine weitere Einteilung von Anforderungen nehmen *Ehrlenspiel u.a. (1988b)* hinsichtlich der Lebensphasen eines Produktes vor (Bild 3-2). In der Phase, in der die Maschinensteuerung durch den Endanwender benutzt wird, kommen die wesentlichen Funktionen und Schnittstellen zum Tragen. Daher sollen sich die Betrachtungen im Rahmen der vorliegenden Arbeit auf die Benutzungsphase konzentrieren.

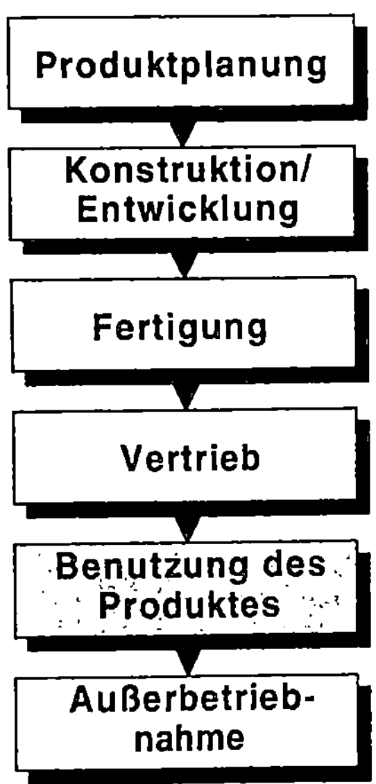

Bild 3-2: Lebensphasen eines Produktes nach Ehrlenspiel u.a. (1988b)

3.2　Technische Anforderungen

3.2.1　Funktionsforderungen

Die für die Maschinensteuerung zu entwickelnden Funktionen leiten sich direkt aus deren Aufgaben während der Benutzungsphase ab (Bild 3-3).

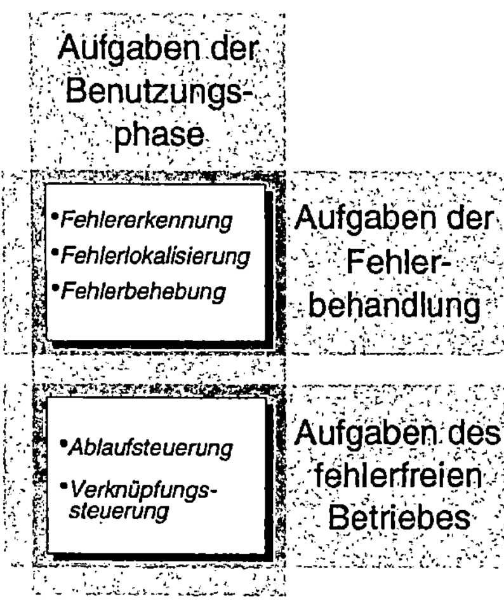

Bild 3-3: Aufgaben der Maschinensteuerung mit integrierter Fehlerbehandlung in der Benutzungsphase

Zur Fehlerbehandlung sind Funktionen für die Fehlererkennung, die Fehlerlokalisierung und die Fehlerbehebung zu implementieren. Der fehlerfreie Betrieb erfordert die von Speicherprogrammierbaren Steuerungen bekannte Ablauf- und Verknüpfungssteuerung der Maschine.

3.2.2　Betriebsforderungen

Im Gegensatz zu den Funktionsforderungen, die aus den Aufgaben der Maschinensteuerung resultieren, ergeben sich Betriebsforderungen nach *Ehrlenspiel*

(1988b) durch die Beantwortung der Frage *"Wie soll ein Produkt seine Aufgabe erfüllen?"*. Die Betriebsforderungen sind demnach gleichbedeutend mit den von der Steuerung zu fordernden Eigenschaften, die im folgenden dargestellt sind.

Universalität

Produktionsmaschinen sind durch eine Vielzahl unterschiedlicher Komponenten und Prozesse gekennzeichnet. Hinzu kommt die Vielfalt der zu behandelnden Fehlertypen und eine große Auswahl verfügbarer Behandlungsmethoden. Um eine möglichst breite Einsetzbarkeit der Steuerung zu erreichen, ist daher die Universalität bezüglich dieser Vielfalt zu fordern.

Vollständigkeit der Fehlerbehandlung

Voraussetzung für eine vollständige Fehlerbehandlung ist das Vorhandensein aller Elemente der Fehlererkennung, der Fehlerlokalisierung und der Fehlerbehebung.

Automatisierung der Fehlerbehandlung

Automatisierung der Fehlerbehandlung bedeutet eine weitgehende Reduktion von Bedienereingriffen für die Ausführung der entsprechenden Aufgaben. Da hier der größte Forschungsbedarf besteht, bildet dieser Aspekt ein zentrales Thema der vorliegenden Arbeit.

Transparenz der inneren Vorgänge

Für den Anwender der Maschinensteuerung müssen die internen Vorgänge und Entscheidungen stets nachvollziehbar sein. Die Transparenz vereinfacht Entscheidungen bei der Programmierung und der Bedienung und erhöht daher die Akzeptanz der Steuerung.

Effizienz der Fehlerbehandlung

Die Ziele beim Einsatz der rechnergeführten Störungsbehandlung sind die Vermeidung von Stillständen und die Reduzierung von Stillstandszeiten. Um Verfügbarkeitsverluste durch Folgeschäden oder durch uneffektives Vorgehen bei der Fehlerbehandlung zu vermeiden, ist es wichtig, daß die von der Maschinensteuerung erarbeiteten Schlußfolgerungen treffsicher sind und die abgeleiteten Reaktionen mit hoher Wahrscheinlichkeit zum Ziel führen.

Erweiterbarkeit des Wissens

Aufgrund der Komplexität von Produktionsmaschinen ist a priori nur eine Einbringung von Teilwissen zur Fehlerbehandlung möglich. Die Steuerung muß daher die Fähigkeit besitzen, während der Betriebsphase mit Unterstützung des Bedieners neues Wissen zu integrieren.

3.3   Schnittstellenforderungen

3.3.1   Übersicht

Die zu entwickelnde Maschinensteuerung unterhält während ihrer Benutzungsphase informationstechnische Schnittstellen zu drei Instanzen: Technische Schnittstellen zu übergeordneten Rechnern und zur gesteuerten Maschine bzw. zum Prozeß, sowie eine nichttechnische Schnittstelle zum Bediener (Bild 3-4).

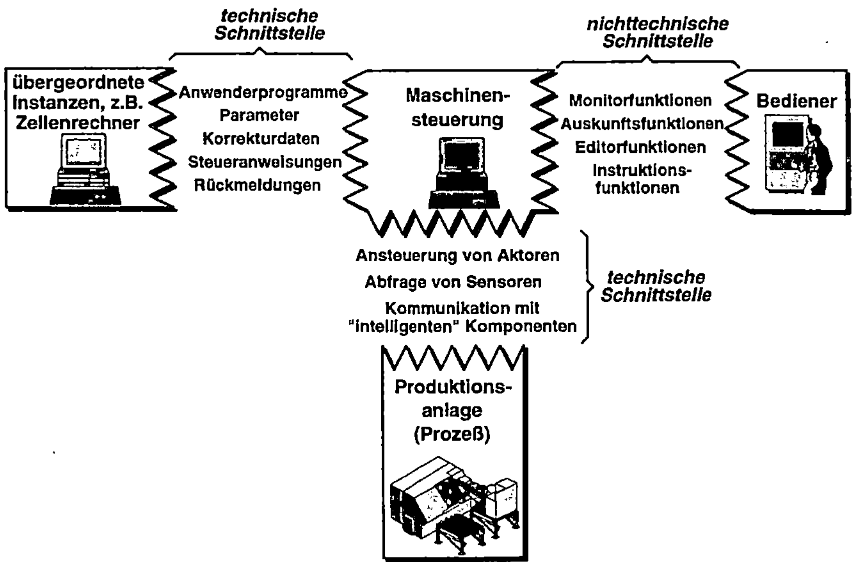

Bild 3-4: Schnittstellen der Maschinensteuerung mit integrierter Fehlerbehandlung

Der Funktionsumfang der Schnittstellen ergibt sich im wesentlichen aus dem zu bewältigenden Informationsfluß. Im folgenden werden daher die informationstechnisch mit der Maschinensteuerung zu koppelnden Instanzen analysiert und die Anforderungen an den Informationsfluß abgeleitet.

3.3.2   Prozeßschnittstelle

3.3.2.1   Prozeßarten

Beim Betrieb von Produktionsmaschinen laufen auf physikalischer Ebene unterschiedliche Prozesse ab. Beispiele hierfür sind Zerspan-, Gleit-, Roll-, Verformungs- oder Fließprozesse. Da neben der eigentlichen Bearbeitung von Werkstücken eine Vielzahl an Aggregaten, wie z.B. Pumpen, Werkzeug- und Palettenwechsler usw., beteiligt sind, ist die Prozeßvielfalt in Produktionsmaschinen dementsprechend hoch.

Jeder dieser Prozesse erzeugt physikalische Wechselwirkungen, die durch geeignete Sensoren erfaßt werden können. Eine Übersicht über physikalische Prozesse in technischen Systemen geben *Ehrlenspiel u.a. (1988a)*.

Die Steuerung eines Produktionssystems beeinflußt diese Prozesse, indem sie Steuersignale an Aktoren und Stellglieder ausgibt. Die dadurch angestoßenen Vorgänge können aus Sicht der Steuerung als einzelne Aktionen aufgefaßt werden, die im folgenden unter dem Begriff *"Elementaraktionen"* geführt werden. Eine Elementaraktion ist demnach eine *Menge an Prozessen, die in der Steuerung als abgeschlossene, nicht weiter unterteilbare Aktion abgelegt ist.* Ein Beispiel für eine Elementaraktion ist das Schließen des Werkzeuggreifers in einem Bearbeitungszentrum.

Die in Produktionsmaschinen auftretenden und daher im Konzept der Maschinensteuerung zu berücksichtigenden Elementaraktionen lassen sich gemäß Bild 3-5 nach ihrem zeitlichen Verlauf in *schaltende, diskrete* und *kontinuierliche* Elementaraktionen einteilen.

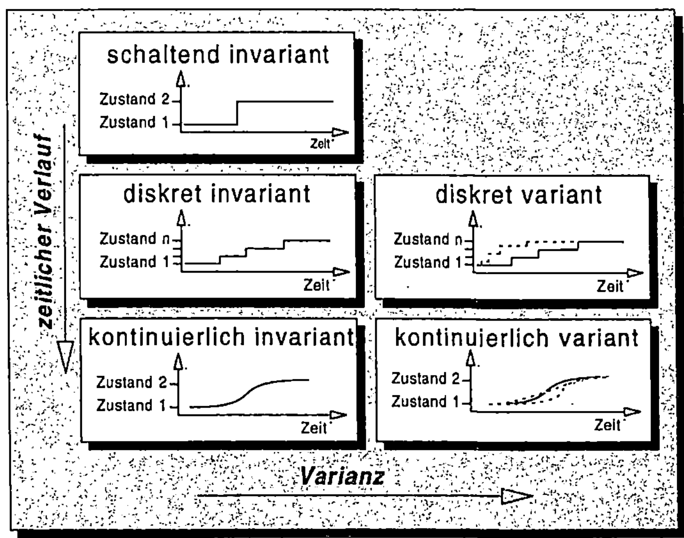

Bild 3-5: Einteilung von Elementaraktionen

Schaltende Elementaraktionen sind durch einen schnellen und direkten Wechsel von einem Ausgangszustand in einen Endzustand gekennzeichnet und werden meist durch einfache, binäre Endlagesensoren überwacht. Beispiele für schaltende Elementaraktionen sind das Schließen des Werkzeuggreifers oder das Öffnen der Spritzschutztüre in einem Bearbeitungszentrum. Dagegen verläuft der Zustandswechsel bei diskreten Elementaraktionen oft in mehreren Stufen, wie beispielsweise beim Takten des Werkzeug-Kettenmagazins. Kontinuierliche Elementaraktionen, wie z.B. die Bewegung einer NC-Achse, sind durch stetige Zustandsübergänge gekennzeichnet.

Während die Verarbeitung der Sensorsignale bei schaltenden Elementaraktionen im allgemeinen sehr einfach gestaltet ist, verlangen diskrete und kontinuierliche Elementaraktionen hierfür komplexere Verfahren.

Ein weiteres Unterscheidungsmerkmal ist die Varianz von Elementaraktionen. Im einfachsten Fall ist die Aktion völlig invariant, d.h. sie läuft immer nach dem gleichen Schema ab. Dagegen kann der Ablauf zeitvarianter Elementaraktionen vom augenblicklichen Systemzustand und von aufgeprägten Parametern abhängen. Beispiel hierfür ist das Takten des Kettenmagazins, dessen Verlauf von der aktuellen Stellung, der aktuellen Belegung mit Werkzeugen und dem ausgewählten Werkzeug abhängt.

3.3.2.2 Informationsfluß zwischen Prozeß und Steuerung

Über die Prozeßschnittstelle werden Aktorsignale ausgegeben und Informationen von Sensoren oder intelligenten, mit eigener Datenverarbeitung versehenen Komponenten eingelesen.

Sensorinformationen

Sensoren werden in Produktionssystemen zur automatischen Erfassung von Systemzuständen und Prozeßgrößen eingesetzt. Sie wandeln physikalische Größen in elektrische Größen oder in digitale Informationen um.

Kühne (1985, S. 18-19) gibt eine Übersicht über die in Produktionssystemen einsetzbaren und damit im Konzept der Maschinensteuerung zu berücksichtigenden Meß- und Sensorprinzipien. Eine Auflistung marktüblicher Sensoren befindet sich in *Sensor Markt (1994 a-c)* und wird in Bild 3-6 wiedergegeben.

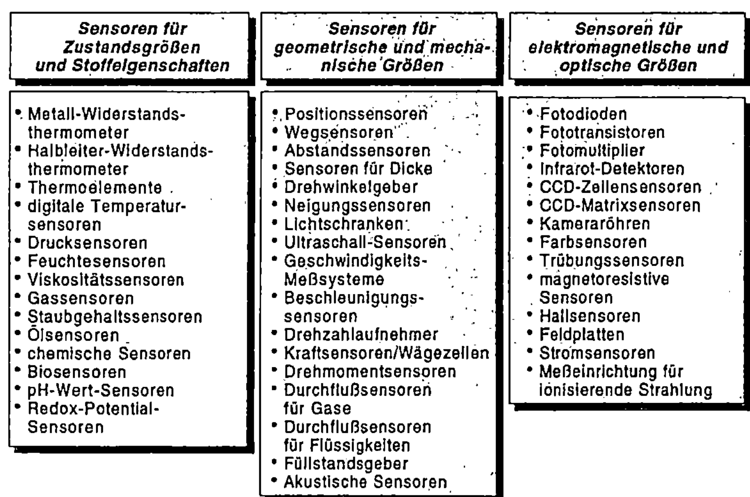

Bild 3-6: Marktübersicht für Sensoren (nach Sensor Markt 1994 a-c)

Die von Sensoren stammenden Informationen werden bei der Erfassung durch digitale Rechner in einzelne Meßpunkte aufgelöst. Sie sind daher nach Wertebereich, Erfassungsrate und Datenmenge zu unterscheiden (Bild 3-7).

Der Wertebereich eines Sensorsignals hängt vom Sensortyp und von der Schwankungsbreite der gemessenen Größe ab. Neben binären Sensoren, wie beispielsweise Grenztastern oder induktiven Näherungssensoren, werden in Produktionsmaschinen auch Sensoren mit analogem Ausgangssignal eingesetzt. Das Ausgangssignal dieser Sensoren liegt meist als eine der Meßgröße linear oder nichtlinear folgende Spannung vor, die im Steuerungsrechner digitalisiert wird und dann als Zahlenwert vom Typ "Integer" zur Verfügung steht. Im Zuge der Entwicklung gewinnt die Integration von Funktionen zur Signalverarbeitung in Sensoren, wie beispielsweise Funktionen der Digitalisierung oder der Filterung, zunehmend an Bedeutung.

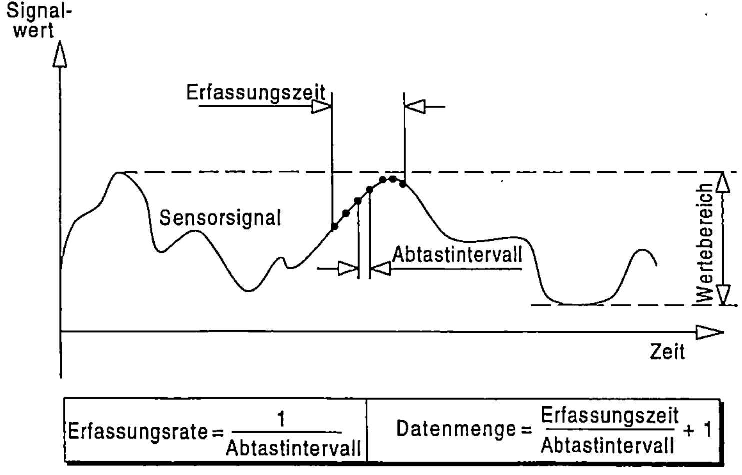

Bild 3-7: Beispiel für ein Sensorsignal und seine zeitdiskrete Erfassung in Abtastintervallen

Während bei einigen Sensortypen und Anwendungen, z.B. bei binären Sensoren, eine zeitdiskrete Erfassung und Auswertung eines einzelnen Meßpunktes ausreicht, sind beispielsweise die Signale von Körperschallaufnehmern quasikontinuierlich über einen längeren Zeitraum zu protokollieren, da hier alleine durch die Betrachtung eines einzelnen Meßpunktes keine relevante Information gewonnen werden kann. Erst die Analyse des Signalverlaufes, d.h. mehrerer in äquidistanten Zeitpunkten aufgenommener Signalwerte, liefert dann die erforderlichen Informationen.

Die reale Signalform wird dabei durch eine genügend hohe Erfassungsrate aus einzelnen Meßpunkten angenähert. Aus Gründen der Ressourcenminimierung ist die niedrigstmögliche Erfassungsrate zu wählen. Dabei gilt das Abtasttheorem, das besagt, daß die Abtastfrequenz mindestens den doppelten Wert der interessierenden Maximalfrequenz betragen muß *(Brigham 1989)*.

Bei geeigneter Plazierung und Auswahl sind einige analoge Sensoren in der Lage, mehrere Systeme oder Prozesse gleichzeitig zu überwachen. Beispielsweise kann das Signal eines einzelnen Körperschallsensors gleichzeitig Informationen über die Bewegung mehrerer Achsen eines Werkzeugwechslers enthalten. Durch Einsatz solcher Sensoren kann der Hardwareaufwand in Produktionsmaschinen entscheidend verringert werden, da dann einige wenige Sensoren genügen, um ein technisches System zu überwachen. Allerdings ist bei vielen dieser Sensoren die Aussagesicherheit geringer und der hard- und softwareseitige Aufwand zur Auswertung ihrer Signale höher als bei binären Sensoren.

Neuere Forschungsarbeiten zielen auf den Einsatz multisensorieller Systeme ab, um durch unterschiedliche Blickwinkel auf das gleiche Betrachtungsobjekt eine umfangreichere Datenmenge zu erhalten *(z.B. Nordmann·1994, Warnecke u.a. 1994)*.

Aufgrund der erläuterten, in Produktionsmaschinen vorherrschenden Vielfalt von Prozessen und Komponenten ist in der zu entwickelnden Steuerung der Einsatz aller Sensortypen einzeln und in beliebiger Kombination zu ermöglichen. Dies bedeutet, daß die zeitparallele Verarbeitung mehrerer sowohl binärer als auch analoger Signale in zeitdiskreter und quasikontinuierlicher Erfassungsart vorzusehen ist.

Aktorinformationen

Zur Ansteuerung von Aktoren muß die Maschinensteuerung über Schnittstellen verfügen, deren Beschaffenheit von der Art und der Intelligenz der Aktorkomponente abhängig ist. Neben binären und analogen Einzel-Signalen für Aktoren ohne eigene Signalverarbeitung sind digitalisierte oder als parametrisierte Befehle formulierte Informationen auszugeben, wenn intelligente Komponenten anzusteuern sind.

Informationen von intelligenten Komponenten

Das Bestreben nach Dezentralisierung und Modularisierung führt zu einem zunehmenden Einsatz von Komponenten mit eigener Signalverarbeitung. Dieser Entwicklung wird insbesondere durch die wachsende Verbreitung von Feldbus- und Sensor-Aktor-Bussystemen Vorschub geleistet, mit denen die Übertragung komplexer Information ohne zusätzlichen Installationsaufwand möglich ist *(Rose 1994)*. Ein Beispiel für eine Komponente mit eigener Signalverarbeitung ist ein Servo-Verstärker mit integrierter Diagnose *(z.B. Siemens 1993)*.

Für diese zusätzlichen Diagnosefunktionalitäten besitzen die "intelligenten" Systeme integrierte Sensoren sowie Hard- und Software zur Signalverarbeitung. Als Ausgangsinformationen stehen daher bereits verdichtete *Sekundärinformationen* mit hoher Aussagesicherheit zur Verfügung.

Die weitere Verarbeitung dieser Sekundärinformationen erfordert aufgrund des meist hohen Verdichtungsgrades im allgemeinen nur einen geringen zusätzlichen Hardware- und Softwareaufwand. Da der Umfang intelligenter Komponenten in Zukunft tendenziell steigen wird, muß die Erfassung und Verarbeitung von Sekundärinformationen im Konzept der Maschinensteuerung berücksichtigt werden.

3.3.3 Bedienschnittstelle

Die potentiellen Anwender der zu entwickelnden Maschinensteuerung lassen sich in zwei Gruppen einteilen: Einerseits Programmierer und andererseits Anwender der Produktionsmaschine. Aufgabe der Programmierer ist die Implementation von Abläufen zur Steuerung des fehlerfreien Betriebes sowie die Einbringung von Mechanismen zur Fehlerbehandlung. Unter die Kategorie "Anwender von Produktionsmaschinen" fallen neben dem Bedienpersonal auch Instandsetzer. Beide Gruppen stellen unterschiedliche Anforderungen, da sich deren Arbeitsziele und die Qualifikationen stark voneinander unterscheiden.

Da die Steuerung in erster Linie für die Einsatzphase der gesteuerten Anlage ausgelegt werden soll, werden hier insbesondere die für die Anlagenanwender relevanten Aspekte berücksichtigt. Hier fallen die Inbetriebnahme, die Bedienung für den Normalbetrieb und die Fehlerbehandlung an.

Glas (1993) unterteilt die Aufgaben der Bedienschnittstelle in *Monitorfunktionen, Auskunftsfunktionen, Editierfunktionen* und *Instruktionsfunktionen.* Monitorfunktionen dienen der Anzeige von rohen oder verarbeiteten Sensorsignalen oder von Maschinenzuständen. Auch Diagnosemeldungen zählen zu den Monitorfunktionen. Unter die Gruppe der Editierfunktionen fallen z.B. die Modifikation von Ablaufprogrammen oder die Wissenserweiterung. Auskunftsfunktionen sind erweiterte Monitorfunktionen, die auf gezielte Anwenderabfragen hin von der Steuerung ausgeführt werden und meist menügesteuert sind. Als Instruktionsfunktionen werden Funktionen verstanden, die sowohl Instruktionen ausgeben als auch Instruktionen empfangen können. Beispiele für ausgegebene Instruktionen sind Meßaufträge oder Handhabungsaufträge an den Bediener. Empfangene Instruktionen sind beispielsweise die vom Bediener gegebenen Startbefehle für eine Elementaraktion oder für einen Auftrag.

Im Gegensatz zu elektro-physikalischen Sensoren, die nur spezifische Daten des verwendeten physikalischen Meßprinzips liefern können, ist der Mensch dank seiner multisensoriellen und intellektuellen Fähigkeiten in der Lage, aus einer Vielzahl von Wahrnehmungen die geforderten Informationen herauszufiltern und unter Verwendung von Wissen bzw. anderen Beobachtungen zu verdichten. Beobachtungen und Aussagen des Menschen können binären, diskreten und analogen Wertebereichen zugeordnet werden.

Zusätzlich können Inspektionen, unterstützt durch technische Meßgeräte, an fast allen beliebigen Stellen des Produktionssystems ausgeführt werden. Personen zur Bedienung und Instandhaltung bzw. Instandsetzung sind daher für die Informationsgewinnung als höchst universelle und intelligente "Aktoren" und "Sensoren" einsetzbar. Dabei ist allerdings die geringere Verfügbarkeit zu beachten, da der Mensch im Unterschied zu elektro-physikalischen Sensoren, die eine permanente System- und Prozeßüberwachung erlauben, nur zeitdiskret, beispielsweise zur Lokalisierung eines aufgetretenen Fehlers, angefordert werden kann.

Als positiv ist die hohe Aussagesicherheit des Menschen zu werten, wenn er durch die Komplexität der ihm gestellten Aufgabe nicht überfordert ist. Eine geeignete Bedienerführung muß daher sicherstellen, daß für die rechnergestützte Fehlerbehandlung das übliche Wissen von Maschinenbedienern ausreicht. Für die Mensch-Maschine-Kommunikation sind daher aufwendige, ergonomische Schnittstellen bereitzustellen *(Löffler 1989)*.

3.3.4   Schnittstelle zu übergeordneten Instanzen

Der Informationsfluß zwischen der Maschinensteuerung und anderen Rechnerinstanzen, beispielsweise einem Zellenrechner oder der CNC-Steuerung einer Werkzeugmaschine, dient der Versorgung der Steuerung mit Anwenderprogrammen, Parametern und Korrekturdaten, der Übertragung von Steueranweisungen zum Start und Abbruch von Aufträgen sowie für Rückmeldungen, wie z.B. Status- und Fehlermeldungen *(Glas 1993, S. 18-19)*. Die zu entwickelnde Steuerung muß in der Lage sein, diese Informationen zu verarbeiten bzw. zu erzeugen und auszugeben.

3.4   Zusammenfassung

Die wichtigsten an die Maschinensteuerung zu stellenden Anforderungen setzen sich aus technischen Anforderungen und aus Schnittstellenforderungen zusammen.

Technische Anforderungen resultieren einerseits aus einer Betrachtung der Aufgaben, die von der Steuerung für den fehlerfreien Betrieb und für die Fehlerbehandlung zu erfüllen sind und als Funktionsforderungen bezeichnet werden. Andererseits werden qualitative Eigenschaften gefordert, die das Betriebsverhalten der Steuerung charakterisieren (Betriebsforderungen).

Zusätzliche Anforderungen ergeben sich aus einer Betrachtung der informationstechnischen Schnittstellen zwischen der Maschinensteuerung und ihrer Umgebung. Insbesondere die Prozeß- und die Bedienschnittstelle sind gegenüber herkömmlichen Steuerungen zu erweitern, um Informationen für die Erkennung, die Lokalisierung und die Behebung von Fehlern austauschen zu können.

Aufgrund der umfangreichen, für die Fehlerbehandlung notwendigen Funktionen gehen die dargestellten Anforderungen weit über das bei herkömmlichen Steuerungen übliche Maß hinaus. Daher reicht die bloße Anpassung existierender Maschinensteuerungen nicht aus, um allen Aspekten gerecht zu werden. Nur durch eine neue Steuerungsstruktur kann eine optimale Integration der Funktionen zur Fehlerbehandlung und zur Steuerung des fehlerfreien Betriebes erzielt werden.

4 Konzeption der Fehlerbehandlung

4.1 Übersicht

In Anlehnung an *Schönecker (1992, S. 15)* sind Fehler am *System*, an den *Prozessen* und an den *Produkten* zu unterscheiden.

Systemfehler zeigen sich an Merkmalen von Systemkomponenten, deren Überwachung meist nur durch eine aufwendige Inspektion möglich ist. Sofern relevant, wirken sich Systemfehler jedoch auch in den Prozessen aus. Diese *Prozeßfehler* lassen sich an den Prozeßmerkmalen oder an fehlerhaften bzw. nicht erreichten Systemzuständen erkennen.

Da sich die sensorische Überwachung von Prozessen und Systemzuständen meist einfacher gestaltet als die Inspektion von Systemkomponenten, soll im folgenden nur die Prozeß- und die Zustandsüberwachung betrachtet werden.

Produktfehler werden im allgemeinen von prozeßnachgeschalteten Einrichtungen erkannt und in einem Regelkreis behandelt, der sich zeitlich über den verursachenden Prozeß hinaus erstreckt. Die Behandlung von Produktfehlern folgt daher anderen Gesetzmäßigkeiten als die maschinen- und prozeßnahe Fehlerbehandlung. Untersuchungen hierzu wurden bereits in anderen Arbeiten unter den Stichworten *Qualitätssicherung* bzw. *Qualitätsregelung* durchgeführt, z.B. von *Kahlenberg (1995)*. Die Behandlung von Produktfehlern soll daher hier ausgeklammert werden.

Das prinzipielle Vorgehen der Maschinensteuerung bei der Fehlerbehandlung besteht in einem situationsabhängigen Durchlauf der Phasen *Fehlererkennung*, *Fehlerlokalisierung* und *Fehlerbehebung* (Bild 4-1). In die jeweils nächste Phase erfolgt nur dann ein Sprung, wenn das Ergebnis der jeweils aktuellen Phase positiv ist.

Beispielsweise kann der Wechsel von der Fehlererkennung zur Fehlerlokalisierung nur bei erkanntem Fehler erfolgen. Von der Fehlerlokalisierung wird erst dann zur Fehlerbehebung weitergeschaltet, wenn der Fehler erfolgreich eingegrenzt wurde.

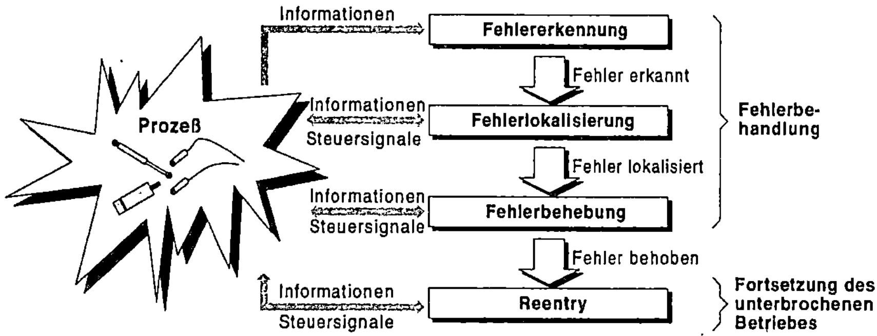

Bild 4-1: Ablauf der Fehlerbehandlung von der Erkennung bis zum Reentry

Da der Betrieb der Produktionsmaschine während der Fehlerbehandlung unterbrochen ist, muß im Anschluß an die Fehlerbehebung, falls diese erfolgreich verlaufen ist, der Wiedereinstieg in den unterbrochenen Ablauf (Reentry) durchgeführt werden.

Im folgenden wird die Konzeption der Phasen Fehlererkennung, Fehlerlokalisierung, Fehlerbehebung und Reentry beschrieben.

4.2 Fehlererkennung

4.2.1 Prinzip

Die Fehlererkennung basiert auf der Prozeß- und Zustandsüberwachung einzelner Elementaraktionen.

Eine Zustandsüberwachung erfolgt vor dem Beginn der Elementaraktion. Gemäß ihres Einsatzzeitpunktes wird sie daher auch *Preprozeß-Fehlererkennung* genannt (Bild 4-2). Die Aufgabe besteht in der je Elementaraktion singulären Abprüfung, ob eine Ausführung der angewählten Elementaraktion aus dem aktuellen Maschinenzustand möglich bzw. erlaubt ist. Dies dient in erster Linie der Vermeidung von Kollisionen.

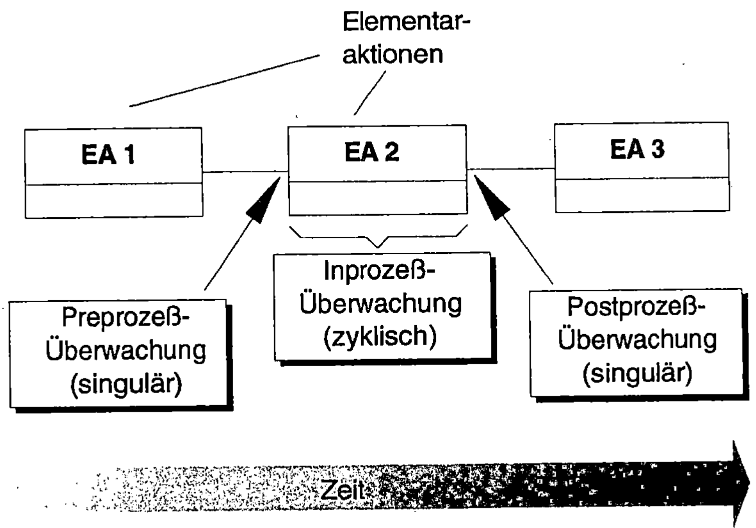

Bild 4-2: Einteilung der Fehlererkennung nach ihrem Einsatzzeitpunkt

Dagegen begleitet die *Inprozeß-Fehlererkennung* eine Elementaraktion während der gesamten Ausführungszeit als quasikontinuierliche, zyklische Prozedur, um Prozesse und Zustände zu überwachen. Da zur Vermeidung von Folgeschäden eine schnelle, frühzeitige Fehlererkennung anzustreben ist, muß die Zyklusdauer dabei möglichst kurz gehalten werden. Daher können nur einfache, wenig rechenintensive Mechanismen zur Inprozeß-Fehlererkennung eingesetzt werden.

Nach Abschluß der Elementaraktion besteht im Rahmen der singulär stattfindenden *Postprozeß-Fehlererkennung* die Möglichkeit, einen rechenintensiveren, aufwendigeren Analyseschritt durchzuführen und die während der Elementaraktion aufgezeichneten Sensorsignalverläufe intensiver zu untersuchen.

Pre-, In- und Postprozeß-Fehlererkennung bestehen nach Bild 4-3 aus zwei Aufgabenbereichen. Zum einen sind Prozeß- und Zustandsinformationen auf eine individuell an die Elementaraktion angepaßte Weise zu erfassen und zu protokollieren. Zum anderen sind diese Informationen zu verarbeiten, um Aussagen über die Korrektheit oder die Fehlerhaftigkeit der Elementaraktion zu gewinnen.

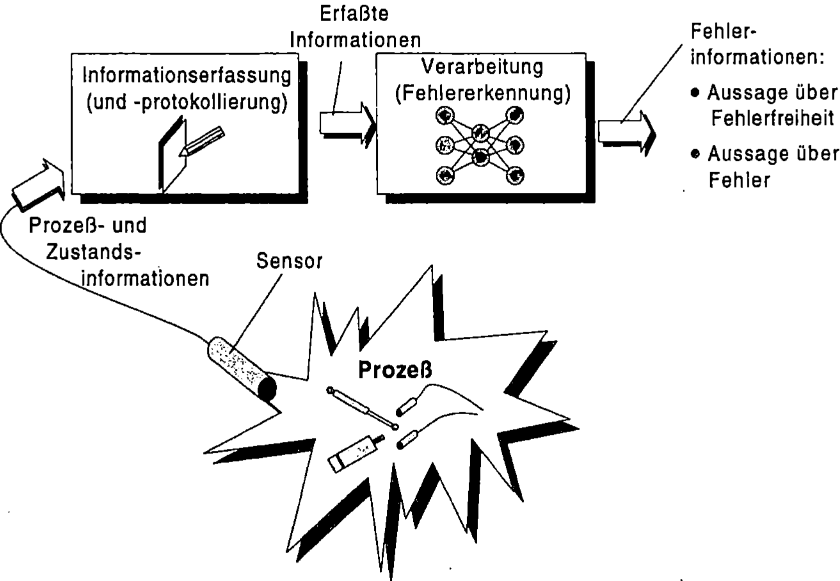

Bild 4-3: Prinzip der Fehlererkennung

Im folgenden wird die Darstellungsweise von Informationen innerhalb der Fehlererkennung sowie die Funktionsweise der Blöcke zur Erfassung und Verarbeitung von Informationen erläutert.

4.2.2 Informationsdarstellung

Die innerhalb der Fehlererkennung anfallenden Informationen lassen sich nach Bild 4-4 in *Textfeld-Wert1-Wert2*-Tupeln ablegen. Informationen, die eine logische Zusammengehörigkeit aufweisen und daher eine Informationsreihe bilden, können zu Tupelvektoren zusammengefaßt werden.

Je nach Informationsart werden die Elemente der Tupel mit unterschiedlichen Bedeutungen belegt, wobei nicht für jede Informationsart alle Tupelelemente benötigt werden.

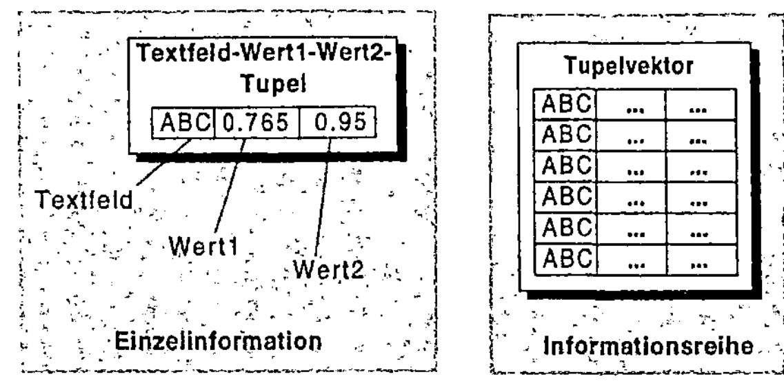

Bild 4-4: Darstellung von Informationen als Textfeld-Wert1-Wert2-Tupel

4.2.3 Informationserfassung

Bei der Erfassung und der Protokollierung von Prozeßinformationen werden Tupelvektoren generiert, die dann für eine Weiterverarbeitung zur Verfügung stehen (Bild 4-5).

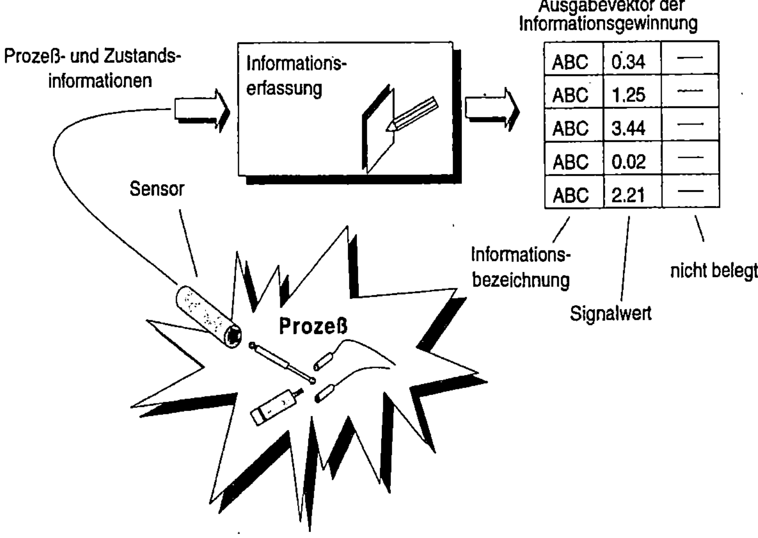

Bild 4-5: Tupelvektoren als Ausgabeschnittstelle der Informationsgewinnung

Die *Textfeld*-Elemente der Tupel enthalten dabei die Informationsbezeichnung, z.B. "Signal von Sensor XY". In die *Wert1*-Elemente werden die Signalwerte eingetragen. Die *Wert2*-Elemente sind für die Informationserfassung nicht relevant.

Da im allgemeinen mehrere Quellen gleichzeitig zu berücksichtigen sind, ist die zeitparallele Erzeugung mehrerer Zahlentupel vorgesehen (Bild 4-6). Jedes Tupel enthält dabei die Daten aus einer ihm zugeordneten Informationsquelle.

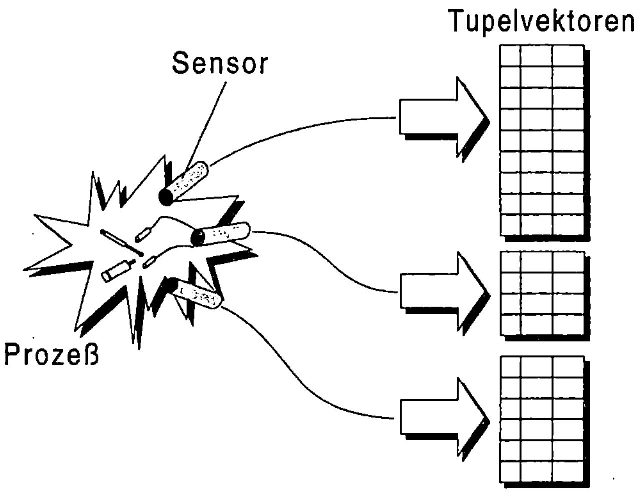

Bild 4-6: Zeitparallele Protokollierung von Informationen aus mehreren Quellen

Aufgrund unterschiedlicher Anforderungen, die aus der Art der Datenquelle und aus der Art des überwachten Prozesses resultieren, besteht die Notwendigkeit zur individuellen Konfiguration der Informations-Erfassung. Relevante Konfigurations-Parameter sind die *Informations-Erfassungsrate*, der *Beschreibungsmodus* der erzeugten Zahlentupel sowie deren *Größe*.

Das Spektrum der erforderlichen Erfassungsrate beginnt im allgemeinen bei ca. 10 Hz für niederfrequente Signale, z.B. bei Sensoren für hydraulische Drücke. Hochfrequente

Signale, wie sie beispielsweise von Körperschall-Aufnehmern generiert werden, erfordern unter Umständen Erfassungsraten von mehr als 100 kHz.

Als Beschreibungsmodus der Tupelvektoren bietet sich eine der drei nachfolgend beschriebenen Varianten an: das Füllen eines statischen Linearpuffers, das zyklische Beschreiben eines Ringpuffers sowie die dynamische Generierung und Erweiterung eines dynamischen Linearpuffers.

Statischer Linearpuffer

Bei diesem Verfahren wird ein Vektor in äquidistanten Zeitabständen, beginnend beim ersten Tupel, beschrieben. Ist das letzte Vektorelement belegt, wird der Vorgang abgebrochen. Daher ist die Erfassungsdauer t_{erf} beschränkt auf:

$$t_{erf} = (l_{vek} - 1) \cdot t_{int} \tag{4.1}$$

Dabei bedeuten: l_{vek}: Vektorlänge, t_{int}: Abtastintervall.

Dieses einmalige Beschreiben eignet sich nur für zeitinvariante Prozesse, deren Zeitdauer bekannt ist und bei denen daher eine feste Dimensionierung des Datenvektors für die Erfassung des kompletten Prozeßablaufes ausreicht.

Ringpuffer

Eine weitere Möglichkeit besteht in dem zyklischen Beschreiben eines als Ringpuffer organisierten Vektors, dessen Belegung nach Erreichen des Vektorendes wieder beim ersten Tupel beginnt. Dadurch ergibt sich die Möglichkeit der endlosen Datenprotokollierung, die sicherstellt, daß immer die aktuellsten Daten und deren direkte Vorgänger in dem Ringpuffer abgelegt sind. Daten, die älter als die durch die Puffergröße festgelegte Erfassungszeit sind, werden allerdings überschrieben. Das Alter t_a des ältesten Datums in einem Ringpuffer berechnet sich unter der Voraussetzung, daß ein konstantes Abtastintervall eingehalten wird, in Analogie zu obiger Formel zu:

$$t_a = (l_{vek} - 1) \cdot t_{int} \tag{4.2}$$

Der Ringpuffer ist daher für zeitvariante Prozesse einsetzbar, bei denen nicht die Sensorwerte des gesamten Prozesses interessieren, sondern nur die Werte der jüngeren Vergangenheit. Ein Ringpuffer kann den Linearpuffer vollkommen ersetzen, wenn durch die Anzahl der Speicherplätze sichergestellt ist, daß keine Daten überschrieben werden.

Dynamischer Linearspeicher

Bei zeitvarianten, komplett zu protokollierenden Prozessen kann keine feste Aussage über die erforderliche Pufferlänge getroffen werden. Für diesen Fall eignet sich als dritte Variante eine Pufferorganisation als dynamisch erweiterbarer Linearspeicher, der zur Ausführungszeit mit dem Speicherbedarf wächst.

4.2.4 Informationsverarbeitung

Die Informationsverarbeitung hat die Aufgabe, die von dem Block "Informationserfassung" bereitgestellten Tupelvektoren zu verarbeiten und Informationen über die Fehlerfreiheit der überwachten Elementaraktion bzw. über aufgetretene Fehler zu liefern (Bild 4-7).

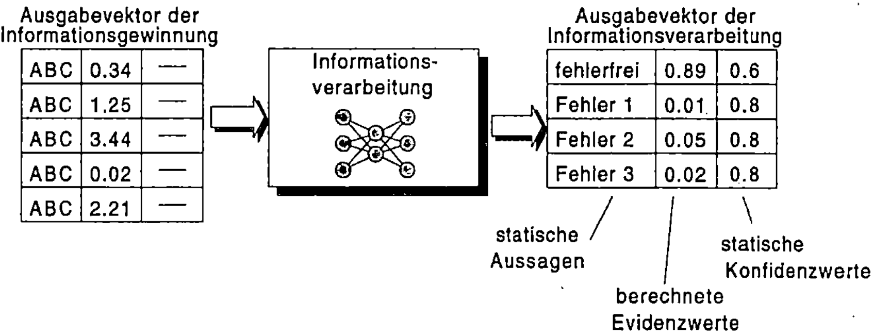

Bild 4-7: Tupelvektoren als Ein- und Ausgabeschnittstellen der Informationsverarbeitung

Auch die von der Informationsverarbeitung erzeugten Informationen sind als Tupelvektoren darstellbar. Jedes Tupel entspricht einer konkreten, fest definierten Aussage, deren Bedeutung in dem Tupelelement *Textfeld* als *statische Aussage* abgelegt ist. Das zweite Element (*Wert1*) des Tupels ist als *Evidenz* zu interpretieren, die ein Maß für die Zutreffenswahrscheinlichkeit der Aussage ist. Die Zutreffenswahrscheinlichkeit wird von der Informationsverarbeitung der Fehlererkennung errechnet. Dabei gilt die Festlegung, daß ein Evidenzwert von *1.0* einer maximalen Aussageevidenz entspricht und *0.0* eine minimale Evidenz bedeutet.

Das dritte Element (*Wert2*) des Tupels enthält einen Wert für die *Konfidenz* der Information. Die Konfidenz drückt die Aussagesicherheit des zugehörigen Evidenzwertes aus, die von der Qualität der Sensorsignale und der Berechnungsalgorithmen abhängt. Die Konfidenzen werden in der Programmierungsphase der Maschinensteuerung definiert und bleiben zur Laufzeit unverändert. Der Wertebereich bewegt sich im Intervall zwischen *0.0* (minimale Aussagesicherheit) und *1.0* (maximale Aussagesicherheit).

Ebenso wie die Informationserfassung ist auch die Informationsverarbeitung individuell auf die benutzten Informationsquellen und den überwachten Prozeß abzustimmen. Aus der hohen Vielfalt möglicher Sensoren, Prozesse und Verfahren zur Informationsverarbeitung leitet sich die Forderung nach einem universell konfigurierbaren System zur Verarbeitung von Tupelvektoren ab.

Wie im Kapitel "Stand der Technik" erläutert, existiert eine Vielzahl unterschiedlicher Verfahren zur Daten- und Informationsverarbeitung, die nur in Kombination optimale Ergebnisse erwarten lassen. Daher wird im folgenden ein flexibles Baukastensystem konzipiert, in dem die erforderlichen Verfahren als Module zur Datenverarbeitung implementiert sind. Durch die Möglichkeit, diese Module beliebig auszuwählen und in wahlfreier Reihenfolge und Schachtelungstiefe anzuordnen, erreicht das Baukastensystem eine hohe Universalität.

Universelles Baukastensystem zur Datenverarbeitung
Das System läßt sich durch eine objektorientierte Netzstruktur abbilden, in der abwechselnd Tupelvektoren mit Modulen zur Datenverarbeitung verknüpft werden (Bild 4-8).

Die durch die Tupelvektoren repräsentierten Informationen werden von den jeweils nachfolgenden Verarbeitungsmodulen eingelesen und verarbeitet. Die Ergebnisse werden in Tupelvektoren eingetragen, die wiederum als Eingabevektoren weiterer Module dienen können.

Innerhalb dieser Struktur lassen sich Tupelvektoren hinsichtlich der enthaltenen Information unterscheiden. *Eingangsvektoren* bilden die Eingangsschnittstelle des Netzes. Sie entsprechen den von der Informationsgewinnung gelieferten Tupelvektoren, deren Aufbau bereits beschrieben wurde.

Vektoren, die innerhalb der Struktur einer Abspeicherung von Zwischenergebnissen dienen, werden als *Zwischenvektoren* bezeichnet.

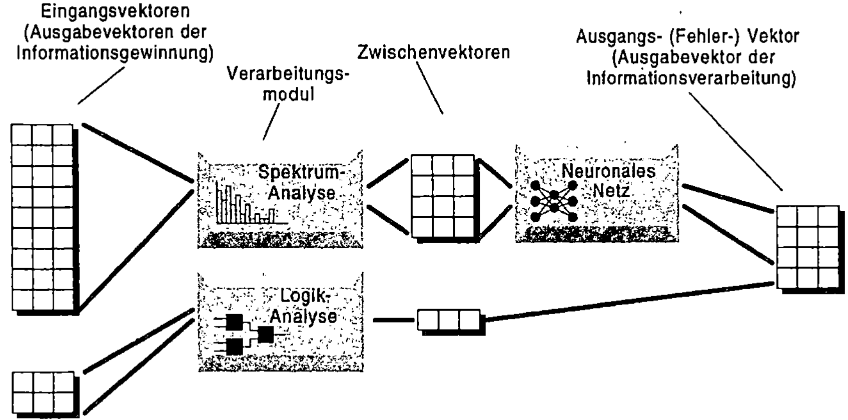

Bild 4-8: Netzwerk zur universell konfigurierbaren Datenverarbeitung

Der *Ausgangsvektor*, dessen Aufbau beispielhaft in Bild 4-9 dargestellt ist, enthält die Ergebnisse der gesamten Verarbeitungsstruktur.

Diese Ergebnisse bestehen einerseits aus allgemeinen Aussagen über die Fehlerfreiheit bzw. Fehlerhaftigkeit einer Elementaraktion. Hierfür sind die ersten drei Tupel des Ausgangsvektors reserviert, die sich jeweils aus der Bezeichnung, der Evidenz und der Konfidenz der Aussage zusammensetzen. Das Tupel "fehlerfrei" enthält die Information, ob eine Elementaraktion ordnungsgemäß abgelaufen ist. Die beiden Tupel "Fehler leicht" und "Fehler schwer" beziehen sich auf unterschiedlich kritische Fehler.

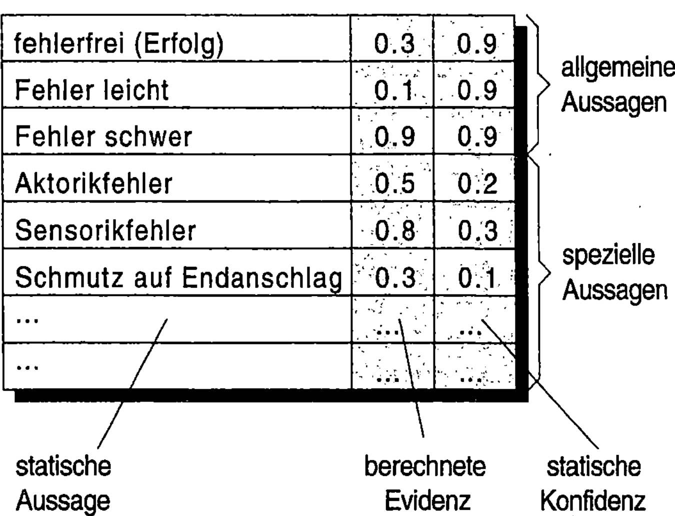

Bild 4-9: Aufbau des Ausgangsvektors der Datenverarbeitung zur Fehlererkennung

Zusätzlich kann der Ergebnisvektor optionale Aussagen zu konkreten, bekannten Fehlern enthalten und somit zu einer Vorlokalisierung von Fehlern beitragen.

Das beschriebene Baukastensystem zur Datenverarbeitung ist gleichermaßen für die Preprozeß-, die Inprozeß- und die Postprozeß-Fehlererkennung einsetzbar. Für jeden dieser Einsatzfälle ist durch die Auswahl und Anordnung von Verarbeitungsmodulen ein eigenes, individuelles Netz zur Datenverarbeitung aufzubauen. Bei der Preprozeß- und der Postprozeß-Fehlererkennung erfolgt je Elementaraktion nur eine einzelne Ausführung der Datenverarbeitung, für die Inprozeß-Fehlerbehandlung ist ein zyklisches Abarbeiten der Netzstruktur notwendig.

4.2.5   Zusammenfassung

Der Grundgedanke der Fehlererkennung ist die individuelle Überwachung einzelner Elementaraktionen. Hierfür werden Prozeß- und Zustandsinformationen durch das Abfragen verschiedener Informationsquellen (Sensoren, intelligente Einheiten) gewonnen und als Tupelvektoren dargestellt. Individuell auf die Elementaraktion abgestimmte Mechanismen zur Pre-, In- und Postprozeß-Fehlererkennung verarbeiten diese Informationen und generieren Aussagen über die Fehlerfreiheit oder die Fehlerhaftigkeit der Elementaraktion.

Die individuelle Abstimmbarkeit dieses Mechanismus wird durch ein Baukastensystem erreicht, mit dem beliebig vernetzte Strukturen zur Datenverarbeitung aufgebaut werden können. Es basiert auf der abwechselnden Verknüpfung von Tupelvektoren mit elementaren, in dem Baukasten enthaltenen Modulen zur Informationsverarbeitung.

Alle Parameter der Informationsgewinnung und der Informationsverarbeitung, einschließlich der Netze zur Datenverarbeitung, sind bei der Projektierung der jeweiligen Steuerungsaufgabe individuell für jede Elementaraktion festzulegen.

4.3 Lokalisierung von Systemfehlern

4.3.1 Übersicht

Die Grenzen der beschriebenen Fehlererkennung sind erreicht, wenn das Wissen zur näheren Bestimmung eines aufgetretenen Fehlers nicht explizit in den Strukturen der Datenverarbeitungs-Netze zur Fehlererkennung verankert ist oder keine entsprechende Sensorik zur Verfügung steht. Die Fehlerhaftigkeit der Elementaraktion kann zwar erkannt werden, eine genaue Bestimmung des Fehlerortes, der Fehlerart und der Fehlerursache ist jedoch oft nicht möglich, da bei der Fehlfunktion einer Elementaraktion im allgemeinen sehr viele Maschinenkomponenten als Fehlerkandidaten in Frage kommen. Zusätzliche Sensoren und zusätzliches, in die Datenverarbeitungs-Netze zur Fehlererkennung integriertes Wissen würde die Zahl vorlokalisierbarer Fehler zwar erhöhen, jedoch sind hier aus Aufwandsgründen Grenzen gesetzt. Daher wird im Rahmen dieser Arbeit eine systemweite, modellbasierte Verfahrensweise entwickelt, die, möglichst unter Zugriff auf bestehende Ressourcen (Sensorik, Aktorik), eine Fehlerlokalisierung ermöglicht und somit eine Basis für die selbständige Fehlerbehebung schafft.

Das Ziel der selbständigen Fehlerlokalisierung ist die weitgehend automatische Eingrenzung des Fehlers auf möglichst wenige verdächtige Systemkomponenten. Meist ist jedoch die zum Zeitpunkt der Fehlererkennung vorliegende Information für eine genaue Fehlerlokalisierung nicht ausreichend oder veraltet. Daher sind zusätzliche Informationen zu beschaffen und zur weiteren Fehlerlokalisierung heranzuziehen.

Hierfür soll eine Vorgehensweise zum Einsatz kommen, die dem menschlichen Verhalten bei der Fehlerlokalisierung entspricht und die bisher zur automatisierten Fehlerlokalisierung bei Produktionsmaschinen nicht verwendet wird: Die Ermittlung verdächtiger Systemkomponenten (Fehlerkandidaten) und die anschließende Planung und Durchführung von Tests zur Einschränkung der Fehlerkandidaten-Menge. Die wiederholte Anwendung dieser Vorgehensweise führt zu einer schrittweisen Eingrenzung möglicher Fehlerorte auf wenige Systemkomponenten. Im Idealfall kann eine einzelne Systemkomponente als Fehlerort identifiziert werden.

Für die automatische Durchführung der Fehlerlokalisierung nach dieser Vorgehensweise sind von der Maschinensteuerung die in Bild 4-10 dargestellten Aufgaben auszuführen.

Der Einsprung in diese Aufgabenkette erfolgt, sobald bei der Ausführung einer Elementaraktion ein Fehler erkannt wird. Die von der Fehlererkennung generierten, in den Fehler- und Erfolgsevidenzen des Ausgangsvektors abgelegten Informationen werden von der Fehlerlokalisierung genutzt, um anhand eines Maschinenmodells alle Systemkomponenten zu ermitteln, die als mögliche Fehlerorte in Frage kommen. Eine Prüfung dieser Fehlerkandidaten-Menge entscheidet daraufhin, ob mit der Fehlerbehandlung fortzufahren ist oder ob der Fehler bereits ausreichend eingegrenzt ist und die Fehlerbehandlung daher beendet werden kann (Prüfung auf Erfolg). Zudem wird geprüft, ob der kumulierte Aufwand der Fehlerlokalisierung ein tolerierbares Maß überschritten hat und daher ein Abbruch erfolgen muß (Prüfung auf Mißerfolg).

Im allgemeinen ist anfangs die Menge der Fehlerkandidaten sehr groß. Daher besteht die nächste Aufgabe aus der Bestimmung geeigneter Aktionen, die als Funktionstests für Fehlerkandidaten dienen können, um in Abhängigkeit vom Testergebnis die Kandidatenmenge einzuschränken.

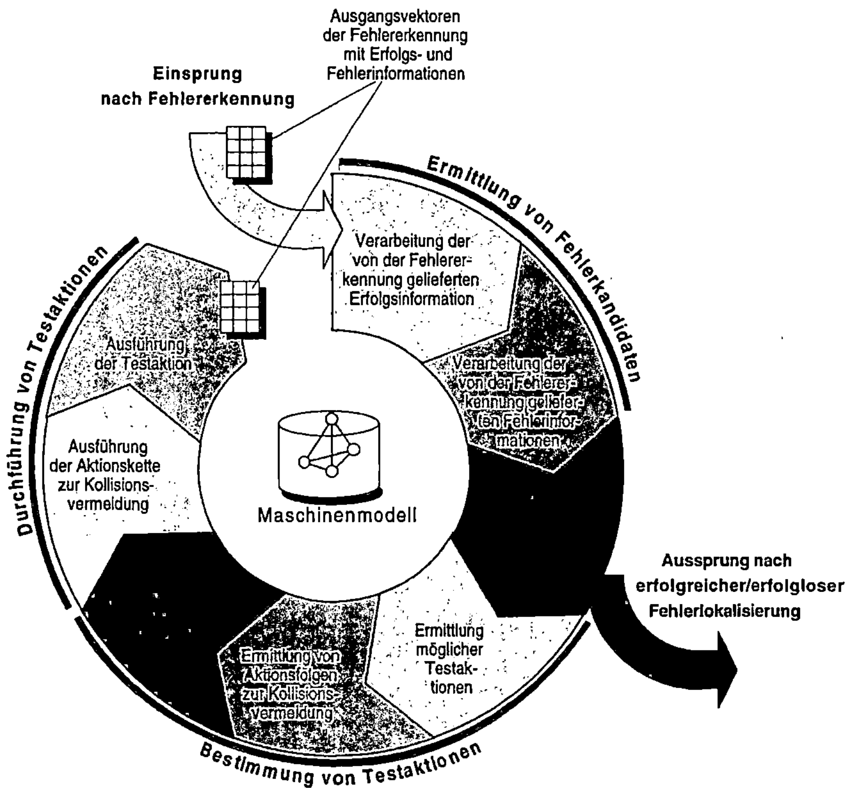

Bild 4-10: Prinzip der iterativen Fehlerlokalisierung

Eine direkte automatische Ausführung von Testaktionen aus dem aktuellen Anlagenzustand heraus ist wegen der Gefahr von Kollisionen meist nicht möglich. Daher wird von der Maschinensteuerung für jede Testaktion eine Liste von Aktionsfolgen ermittelt, die die Anlage in einen entsprechenden Zustand bringen. Aus der Vielzahl von Möglichkeiten wird im nächsten Schritt eine geeignete Aktionsfolge ausgewählt und zusammen mit der anschließenden Testaktion ausgeführt.

Testaktionen werden in dem erarbeiteten Konzept als gewöhnliche Elementaraktionen behandelt. Im Ausgangsvektor der Fehlererkennung liefern sie Informationen nach dem gleichen Muster: Evidenzen für Erfolg, für allgemeine Fehler und für konkrete

Fehler. Daher ist nach der Ausführung einer Testaktion die gleiche Situation erreicht wie beim Einsprung in die Aufgabenkette der Fehlerlokalisierung nach einer fehlerhaften Elementaraktion. Die Aufgabenkette kann somit erneut durchlaufen werden.

Die Wissensdarstellung zur Fehlerlokalisierung basiert auf einem Anlagenmodell, dessen grundlegender Aufbau im Anschluß an diese Ausführungen erläutert wird. In den darauf folgenden Teilkapiteln werden die aufgeführten und in Bild 4-10 dargestellten Teilschritte der Fehlerlokalisierung in der Reihenfolge ihrer Abarbeitung beschrieben. Für jeden Teilschritt erfolgt dabei eine Betrachtung der Verfahrensweise und, sofern notwendig, eine Erläuterung der zugehörigen Wissenselemente im Anlagenmodell.

4.3.2   Grundlegende Beschreibung des Maschinenmodells

Voraussetzung für die Ermittlung von Fehlerkandidaten und für das Auffinden von Testaktionen ist das Vorhandensein von Wissen über *funktionale Abhängigkeiten* zwischen Maschinenkomponenten der Produktionsmaschine *(Wagner 1995)*. Als *funktionale Abhängigkeit* wird ein Zusammenhang zwischen zwei Objekten verstanden, bei dem für die korrekte Funktion des einen Objektes die Intaktheit des anderen Objektes vorauszusetzen ist. Beispielsweise sind für die korrekte Funktion einer Komponente "Endlagesensor" die Intaktheit der Spannungsquelle, der Versorgungs- und Signalleitungen sowie des Endlagesensors selbst notwendig. Im weiteren Sinn werden im Rahmen der vorliegenden Arbeit auch funktionale Abhängigkeiten zwischen Elementaraktionen und den daran beteiligten Maschinenkomponenten, beispielsweise Endlagesensoren, betrachtet.

Aufgrund der Vorzüge modellbasierter Verfahren, auf die in Kapitel 2.3.3.2 hingewiesen wurde, soll im Rahmen der vorliegenden Arbeit ein modellbasierter Ansatz zur Darstellung funktionaler Abhängigkeiten zum Einsatz kommen. Bei diesem Ansatz werden Maschinen-Komponenten und Elementaraktionen als Modell-Objekte abgebildet, denen problemrelevante Beschreibungsdaten und Informationen zu den repräsentierten Objekten der realen Maschine zugeordnet sind. Jedes Modell-Objekt, im folgenden vereinfachend als *"Objekt"* bezeichnet, ist durch gerichtete Relationen vom Typ *"funktionale Abhängigkeit"* mit beliebig vielen anderen Objekten verbunden.

Die Regeln für die Modellierung werden in Anlehnung an *Rumbaugh (1994)* als *Klassenschema* in einem *Klassendiagramm* (Bild 4-11) festgelegt. Darin werden die beiden Objekt-Klassen *Komponente* und *Elementaraktion* sowie mögliche Relationen zwischen den Objekten dieser Klassen definiert. Zwischen Komponenten untereinander sowie zwischen Komponenten und Elementaraktionen sind gerichtete *m:m-Relationen* vorgesehen, deren Richtung sich nach der Notation von *Rumbaugh (1994)* durch die Leserichtung der jeweils zugeordneten Beschriftung ergibt.

Aus dem Diagramm (Bild 4-11) wird ersichtlich, daß eine Komponente von beliebig vielen anderen Komponenten funktional abhängig sein kann und auch beliebig viele andere funktional abhängige Komponenten besitzen kann. Ebenso können beliebig viele Elementaraktionen funktional abhängig von beliebig vielen Komponenten sein. Im Gegensatz zu Komponenten gilt der Umkehrfall bei Elemantaraktionen nicht, d.h. Komponenten können nicht funktional abhängig von Elementaraktionen sein.

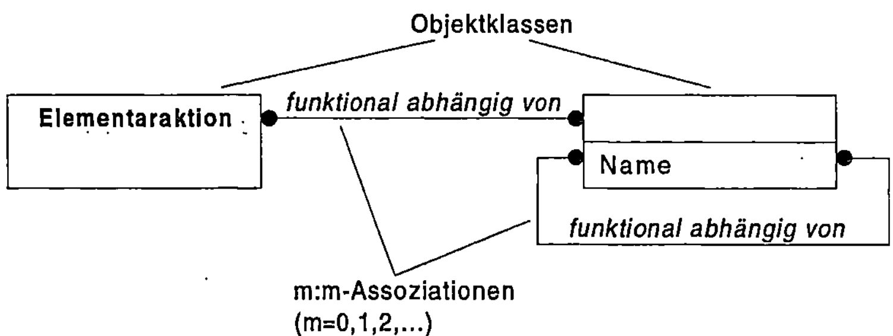

Bild 4-11: Klassendiagramm zur objektorientierten Modellierung funktionaler Abhängigkeiten (nach Rumbaugh u.a. 1994)

Im dargestellten Klassendiagramm sind darüber hinaus die Informationstypen definiert, die in den Objekten der Klassen *Elementaraktion* und *Komponente* enthalten sind. Zunächst ist hier nur der Objektname vorgesehen. Anhand einer Beschreibung der Teilaufgaben zur Fehlerlokalisierung werden im folgenden schrittweise alle Erweiterungen des Klassenschemas eingeführt und erläutert.

4.3.3 Ermittlung von Fehlerkandidaten

4.3.3.1 Übersicht

Im Anschluß an jede als fehlerhaft erkannte Elementaraktion sowie im Anschluß an jede Testaktion liegen neue Informationen vor, die von der aktionsinternen Fehlererkennung der ausgeführten Elementaraktion generiert wurden und die in deren Ausgangs-Tupelvektor abgelegt sind. Es handelt sich hierbei um Erfolgs-Evidenzwerte E_{au}, um allgemeine und evtl. konkrete Fehler-Evidenzwerte F_{au} sowie um die entsprechenden Konfidenzwerte K_{au}. Nachfolgend wird beschrieben, wie diese Erfolgs- und Fehlerinformationen für die Ermittlung von Fehlerkandidaten genutzt werden.

4.3.3.2 Verarbeitung der Erfolgs-Information

Für die Verarbeitung der Erfolgs-Evidenzwerte einer Elementaraktion wird jedes Komponentenobjekt des Anlagenmodells um einen Fehler-Evidenzwert F_{ko} erweitert. Dieser Evidenzwert ist ein Maß für die Fehlerwahrscheinlichkeit der Komponente nach der augenblicklichen Einschätzung der Fehlerlokalisierung. Der Wertebereich liegt zwischen 0.0 (nach Einschätzung kein Fehler) und 1.0 (nach Einschätzung Fehler vorhanden).

Aufgabe der Fehlerlokalisierung ist es, die Fehler-Evidenzwerte F_{ko} der Komponenten-Objekte zu modifizieren und im Anlagenmodell eine Evidenzverteilung zu erzeugen, in der möglichst wenige Komponenten-Objekte mit erhöhten Fehler-Evidenzwerten belegt sind. Diese Komponenten repräsentieren dann die Menge der in Frage kommenden Fehlerorte (Fehlerkandidaten).

Gemäß Bild 4-12 sind die Fehler-Evidenzwerte derjenigen Objekte zu modifizieren, zu deren Funktionsfähigkeit eine Aussage abgeleitet werden kann.

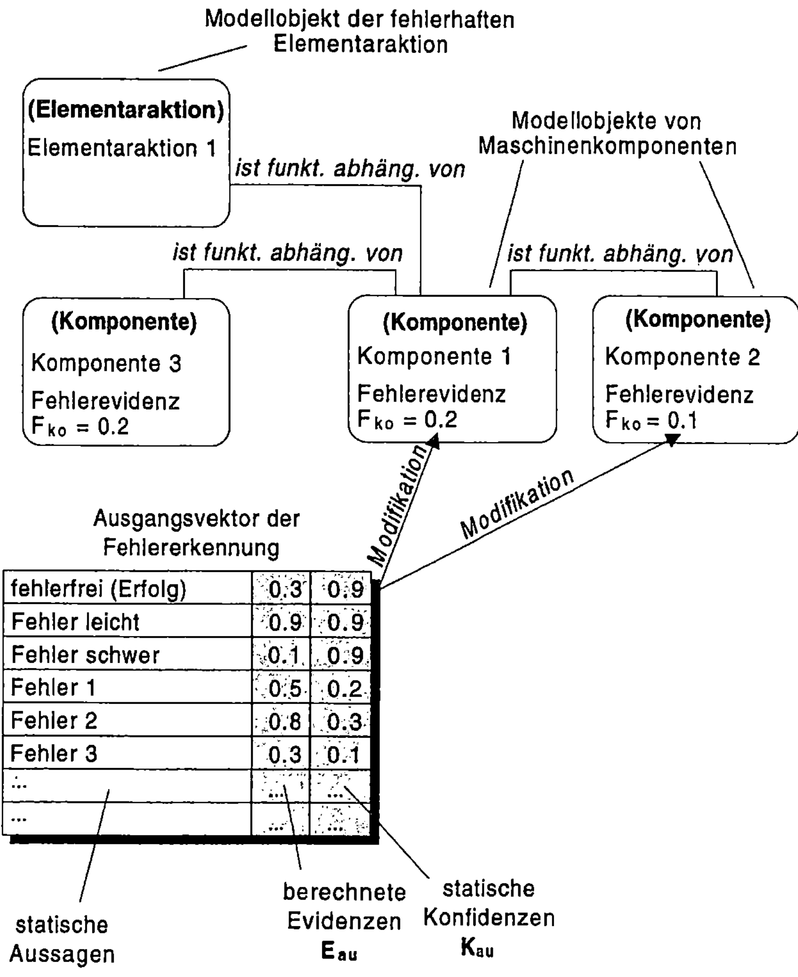

Bild 4-12: Verarbeitung der Erfolgsinformation durch Modifikation der Fehlerevidenzen von Komponentenobjekten im Maschinenmodell

Dies sind alle Komponenten-Objekte, von denen die ausgeführte Elementaraktion direkt oder indirekt funktional abhängig ist. Bei Erfolg der ausgeführten Elementaraktion ist von einer Intaktheit dieser Komponenten auszugehen. Bei Mißerfolg ist mindestens eine dieser Komponenten defekt oder gestört.

Von dem Modifikations-Mechanismus ist zu fordern, daß er sowohl die bestehenden Fehler-Evidenzwerte F_{ko} der einzelnen Komponenten als auch die von der Fehlererkennung gelieferten Erfolgsinformationen E_{au} und K_{au} berücksichtigt und daß die berechneten Fehler-Evidenzwerte F_{ko} das festgelegte Intervall *[0.0/1.0]* nicht verlassen. Ein Mißerfolg einer Testaktion ($E_{au} < 0.5$) muß sich in einer Erhöhung der Komponenten-Fehlerevidenzen F_{ko}, ein Erfolg ($E_{au} > 0.5$) in einer Verringerung niederschlagen. Je klarer der Evidenzwert der Erfolgsaussage E_{au} bei *1.0* (Erfolg) oder *0.0* (Mißerfolg) liegt und je höher der zugehörige Konfidenzwert K_{au} ist, desto stärker muß die komponentenbezogene Fehler-Evidenz F_{ko} im Maschinenmodell verändert werden.

Da es sich bei den Evidenz- und Konfidenzwerten um eine Quantifizierung von Informationen nichtmathematischen Ursprungs handelt, wird ihre Verarbeitung heuristisch entwickelt. Für die Berechnung der neuen komponentenbezogenen Evidenz $F_{ko,neu}$ aus der aktuellen, im betreffenden Komponenten-Objekt des Maschinenmodells abgelegten Fehlerevidenz F_{ko}, der Erfolgs-Aussageevidenz E_{au} und der Erfolgs-Aussagekonfidenz K_{au} wurde die folgende Formel erarbeitet:

$$F_{ko,neu} = F_{ko} + (((1 - E_{au}) - 0.5) \cdot K_{au}) \cdot C_{mod} \qquad (4.3)$$

Dabei ist C_{mod} ein konstanter Faktor, der die Modifikationsgeschwindigkeit der Fehlerevidenz bestimmt.

Im Term *(1-E_{au})* wird E_{au} invertiert, um die Kompatibilität der beiden Evidenzen E_{au} und F_{ko} herzustellen. Bei E_{au} handelt es sich um eine Aussageevidenz zur Fehlerfreiheit; wogegen die Fehler-Evidenz F_{ko} des Komponentenobjektes eine hierzu inverse Aussage zur Fehlerhaftigkeit repräsentiert.

Der in der Formel enthaltene Wert *0.5* stellt das Evidenzniveau einer neutralen Aussage dar. Dies bedeutet, daß eine mit diesem Evidenzwert belegte Aussage weder als *zutreffend* noch als *nicht zutreffend* einzustufen ist. Da eine Evidenz dieser Höhe keine Veränderung von F_{ko} hervorrufen darf, wird der Wert *0.5* in der Formel subtrahiert.

Die Multiplikation mit K_{au} berücksichtigt den Konfidenzwert der Erfolgsaussage. Ein hoher Konfidenzwert verursacht eine starke Modifikation von F_{ko}.

Falls $F_{ko,neu}$ nach dieser Berechnungsvorschrift den Wertebereich *[0.0/1.0]* über- bzw. unterschreitet, wird $F_{ko,neu}$ auf den jeweiligen Grenzwert gesetzt.

Nach jeder Ausführung einer Testaktion sind die Evidenzen F_{ko} aller durch funktionale Abhängigkeiten verbundener Komponenten zu modifizieren. Um der Netzstruktur des Maschinenmodells gerecht zu werden, wird ein rekursiv arbeitendes Verfahren für das Auffinden und Modifizieren funktional abhängiger Komponenten eingesetzt.

Das beschriebene Verfahren ähnelt einer Schnittmengenbildung, da Komponenten, die an vielen fehlerhaften (Test-) Elementaraktionen beteiligt sind, im Zuge der Fehlerlokalisierung eine entsprechend hohe Fehlerevidenz erhalten. Umgekehrt werden diese Evidenzen nach einer fehlerfreien Elementaraktion reduziert. Im Unterschied zur einfachen Schnittmengenbildung wird hierdurch die Verarbeitung unsicherer und auch widersprüchlicher Informationen ermöglicht.

Der Fortschritt der Fehlerlokalisierung durch schrittweise Modifikation der Kandidatenmenge wird beispielhaft in Bild 4-13 verdeutlicht. Eine fehlerhafte Elementaraktion *EA1* verursacht die Erhöhung der Evidenzwerte aller daran beteiligten und funktional abhängigen Komponenten (Schritt a). Die betroffenen Komponenten kommen zunächst als mögliche Fehlerorte in Frage.

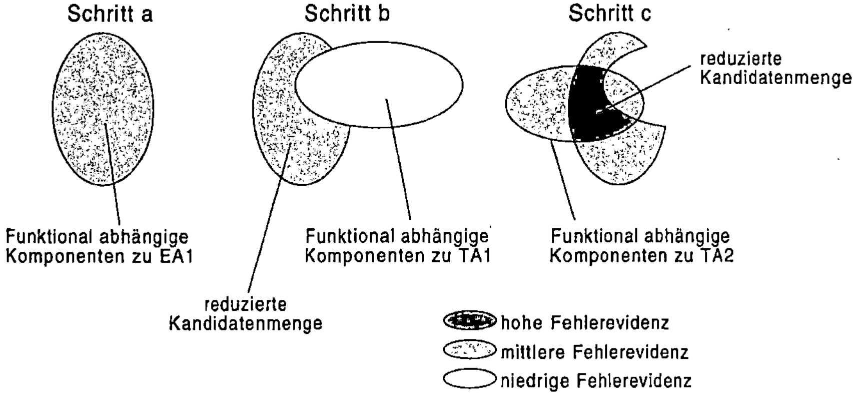

Bild 4-13: Beispiel für eine schrittweise Reduktion der Kandidatenmenge

Eine Testaktion *TA1* wird ausgeführt und verläuft fehlerfrei (Schritt b). Die Evidenzen der mit der Testaktion durch funktionale Abhängigkeit verbundenen Komponenten werden verringert. Da sich die Mengen der funktional abhängigen Komponenten von *EA1* und *TA1* überschneiden, wird hierdurch die Menge der Fehlerkandidaten verringert.

Eine weitere Testaktion *TA2* ist fehlerbehaftet und erhöht die Evidenzwerte der damit verbundenen Komponenten. Die zu der Schnittmenge von *EA1* und *TA2* zugeordneten Komponentenobjekte weisen danach die höchsten Evidenzwerte auf (Schritt c). Im Vergleich zur anfänglichen Menge der Fehlerkandidaten ist diese Schnittmenge deutlich kleiner.

Wenn sich im Laufe der Iterationen einige wenige Komponenten mit erhöhten Fehlerevidenzen herauskristallisieren, kann von einem Erfolg der Fehlerlokalisierung ausgegangen werden.

4.3.3.3 Verarbeitung von Fehlerinformationen

Die bisherige Datenstruktur des Anlagenmodells erlaubt eine Eingrenzung von Systemfehlern auf einige wenige Maschinenkomponenten, im Idealfall auf eine einzelne Komponente, durch die Verarbeitung der Erfolgsinformation von Testaktionen. Neben dieser allgemeinen Erfolgsaussage können von der Fehlererkennung zusätzliche Informationen über konkrete Fehler in Form zugeordneter Evidenz- und Konfidenzwerte geliefert werden, wenn dies in den Netzen zur Datenverarbeitung vorgesehen ist. Für eine Nutzung dieser Informationen wird das Anlagenmodell um Fehlerwissen erweitert.

Hierzu wird für jeden bekannten Fehler ein Datenobjekt in das Anlagenmodell eingebracht und über Relationen der Art "ist Fehler von" mit zugehörigen Komponenten-Objekten verbunden (Bild 4-14). Durch diese Verknüpfung können alle zu einem Fehler zugeordneten Komponenten ermittelt werden. Daneben ist, ausgehend von einer verdächtigen Komponente, das Auffinden hierzu bekannter Fehler möglich.

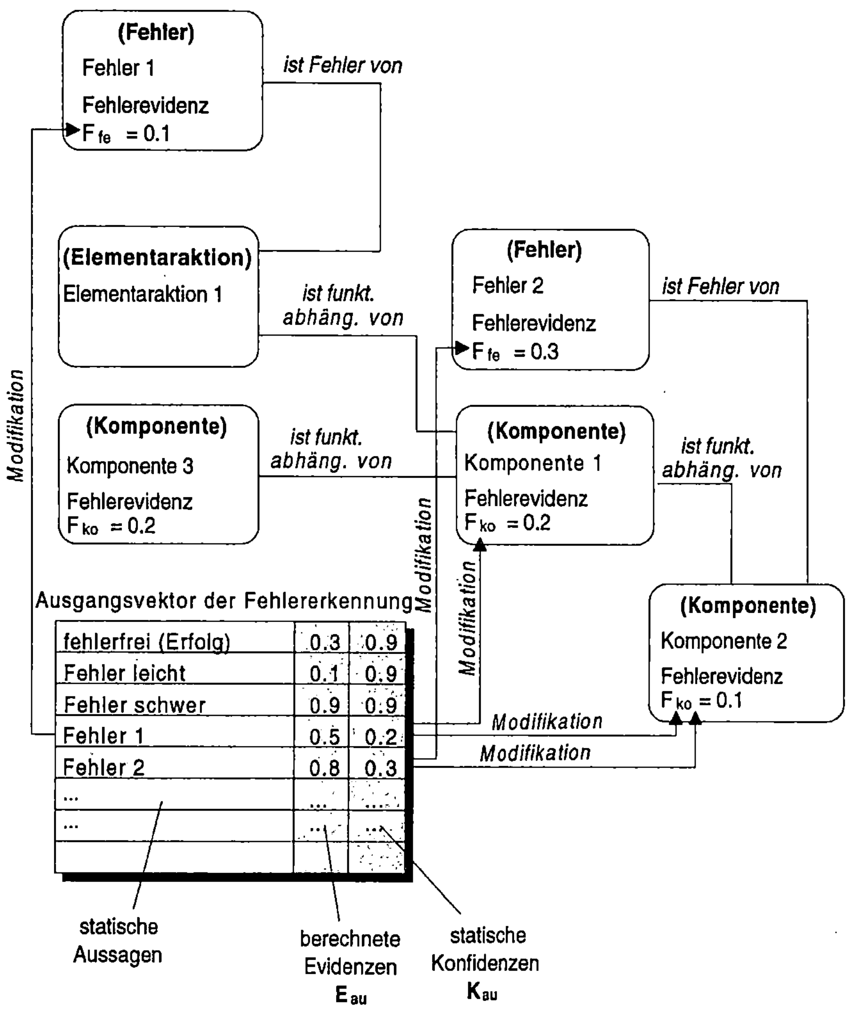

Ausgangsvektor der Fehlererkennung		
fehlerfrei (Erfolg)	0.3	0.9
Fehler leicht	0.1	0.9
Fehler schwer	0.9	0.9
Fehler 1	0.5	0.2
Fehler 2	0.8	0.3
...		
...	...	...

Bild 4-14: Verarbeitung von Fehlerinformationen durch Modifikation der Fehlerevidenzen von Objekten im Anlagenmodell

Die Auswertung der in der Fehlererkennung ermittelten Fehlerevidenzen und -konfidenzen kann nach einem der Verarbeitung der Erfolgsinformation ähnlichen Schema erfolgen. Hierzu wird in jedem Fehlerobjekt eine Variable für Fehlerevidenzen

F$_{fe}$ vorgesehen. Die Modifikation dieser Variable erfolgt immer dann, wenn eine ausgeführte Elementaraktion eine Information zu dem entsprechenden Fehler liefert.

Hierfür wird die nachstehende Berechnungsvorschrift angewendet, die von der Formel 4.3 abgeleitet wurde:

$$F_{fe,neu} = F_{fe} + (((1 - E_{au}) - 0.5) \cdot K_{au}) \cdot C_{mod} \qquad (4.4)$$

Dabei ist F_{fe} die Evidenzvariable des Fehlerobjektes, F_{au} die Aussage-Evidenz der Fehlererkennung zu einem konkreten Fehler und K_{au} die Aussage-Konfidenz. Bei C_{mod} handelt es sich um einen Faktor für die Modifikationsgeschwindigkeit.

Neben den Fehler-Objekten sind auch die durch "ist-Fehler-von"-Relationen verknüpften Komponenten-Objekte zu berücksichtigen, da eine Information über einen Fehler indirekt auch eine Aussage über die Intaktheit bzw. Fehlerhaftigkeit der verknüpften Komponenten enthält. Daher sind die Fehlerevidenzen F_{ko} der Modellrepräsentanten dieser Komponenten ebenfalls nach der Formel 4.3 zu manipulieren (Bild 4-14).

4.3.4 Prüfung auf Erfolg und Mißerfolg

Der iterative Vorgang der Fehlerlokalisierung ist abzubrechen, wenn entweder der Fehler erfolgreich auf wenige Komponenten eingegrenzt ist (Erfolg) oder wenn der durch die Tests verursachte Aufwand eine bestimmte Grenze erreicht (Mißerfolg).

Prüfung auf Erfolg

Eine Aussage über den Erfolg der Fehlereingrenzung wird durch eine Analyse der Fehlerevidenzen-Verteilung aller Fehlerobjekte und aller Komponentenobjekte ermittelt. Erfolg wird dann angenommen, wenn einige wenige Objekte existieren, deren Fehlerevidenz-Werte deutlich über dem Durchschnittswert aller Fehlerevidenzen liegen (Bild 4-15).

Diese Aufgabe teilt sich in zwei Aspekte auf: Zum einen ist der Durchschnittswert der Evidenzen aller Fehler- und Komponentenobjekte zu ermitteln. Zum anderen ist das "Grundrauschen" der Evidenzen um diesen Mittelwert zu bestimmen und herauszufinden, ob einige Evidenzen deutlich über dem Grundrauschen liegen.

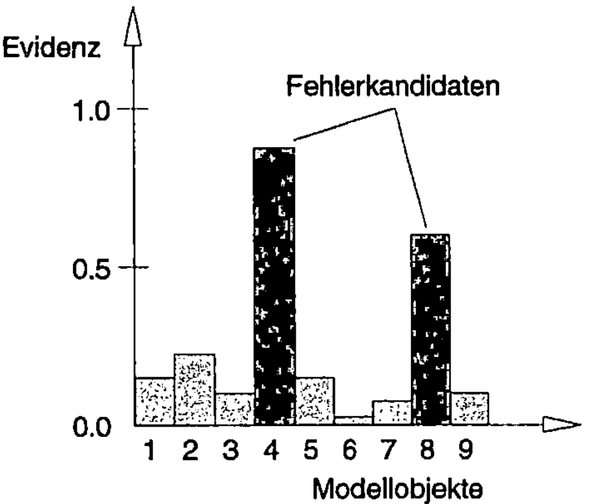

Bild 4-15: Fehlerevidenz-Verteilung bei Erfolg der Fehlerbehandlung

Die Bestimmung des Durchschnittswertes erfolgt in Anlehnung an *Beitz & Küttner (1986)* durch die Berechnung des arithmetischen Mittelwertes $\overline{F}$ aus den Einzelevidenzen F_i und der Gesamtzahl n der berücksichtigten Fehlerevidenzen nach der Formel:

$$\overline{F} = \frac{1}{n} \sum_{i=1}^{n} F_i$$

$$(4.5)$$

Als Abschätzung für die Amplitude des Grundrauschens wird die Varianz s^2 herangezogen. Sie berechnet sich nach *Beitz & Küttner (1986)* aus dem arithmetischen Mittelwert $\overline{F}$, den Einzel-Fehlerevidenzen F_i und der Gesamtzahl der berücksichtigten Fehlerevidenzen n zu:

$$s^2 = \frac{1}{n-1} \sum_{i=1}^{n} (F_i - \overline{F})^2$$

$$(4.6)$$

Erfolg ist dann gegeben, wenn mindestens eine Fehlerevidenz F_i existiert, die einerseits deutlich über dem Grundrauschen liegt und andererseits einen gewissen

Mindest-Wert besitzt. Als Kriterium wurde die folgende, empirisch ermittelte Bedingung festgelegt:

$$F_i > 5 \cdot s^2 \wedge F_i > 0.2 \tag{4.7}$$

Prüfung auf Mißerfolg

Jede Elementaraktion verursacht bei ihrer Ausführung einen gewissen Aufwand. Von einem Mißerfolg der Fehlerlokalisierung ist dann auszugehen, wenn der hierbei kumulierte Aufwand eine tolerierbare Grenze erreicht hat und alle bisher durchgeführten Erfolgsprüfungen ein negatives Ergebnis zeigten.

Für die Ermittlung des kumulierten Aufwands sind alle Elementaraktionen zu berücksichtigen, die während der Fehlerlokalisierung ausgeführt werden. Neben den Testaktionen zählen hierzu auch die zur Veränderung von Systemzuständen durchgeführten Aktionsfolgen.

Als wichtigste Aufwandsarten einer Elementaraktion lassen sich der personelle Aufwand A_{per} und der zeitliche Aufwand A_{zeit} unterscheiden. Der materielle Aufwand soll im folgenden unberücksichtigt bleiben, da während der selbständigen Fehlerlokalisierung keine Maschinenkomponenten ersetzt werden und daher im allgemeinen kein materieller Aufwand entsteht.

Für eine informationstechnische Verarbeitung sind A_{per} und A_{zeit} zu quantifizieren. Da meist nur linguistische Aussagen für diese Größen vorliegen, wie z.B. "Aufwand ist mittel bis hoch", ist eine exakte mathematische Erfassung im allgemeinen nicht möglich. Eine Quantifizierung kann daher nur über eine heuristische Bildung von Schätzwerten erfolgen.

Im Rahmen der vorliegenden Arbeit kommt hierfür eine aus dem Themengebiet der *fuzzy logic (s. Preuß 1992)* abgeleitete Methode zur Anwendung, die auf der Quantifizierung des Zugehörigkeitsgrades einer linguistischen Aussage zu einer unscharfen Menge

M1 = {linguistische Werte, die "Aufwand ist hoch" bedeuten}

beruht. Die zu bildenden Zahlenwerte für A_{per} und A_{zeit} geben die Zugehörigkeitsgrade der entsprechenden linguistischen Aussagen zur Menge *M1* an.

Der Wertebereich von A_{per} und A_{zeit} liegt im Intervall *[0.0/1.0]*. Ein Zugehörigkeitsgrad von *1.0* bedeutet eine hohe Zugehörigkeit zur Menge *M1*.

Für die Bildung der Zugehörigkeitsgrade kann die in Bild 4-16 gezeigte Zugehörigkeitsfunktion verwendet werden, indem der linguistische Wert auf der Abszisse angetragen und der Zugehörigkeits-Grad auf der Ordinate abgelesen wird.

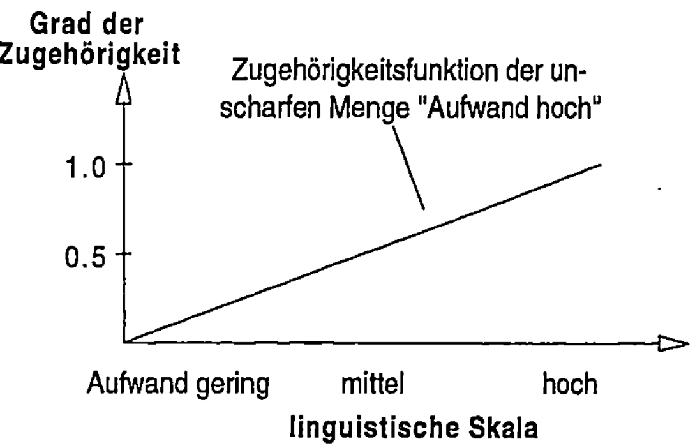

Bild 4-16: Zugehörigkeitsfunktion zur Quantifizierung linguistischer Aussagen

Die informationstechnische Verarbeitung der Aufwandsarten ist an die jeweilige Einsatzssituation der Produktionsmaschine anzupassen, da die gleiche Aktionsfolge in unterschiedlichen Situationen einen unterschiedlichen Aufwand verursachen kann. Beispielsweise ist in mannarmen Schichten der personelle Aufwand für eine manuell durchzuführende Elementaraktion höher zu gewichten als in Schichten mit hoher Personalverfügbarkeit. Bei Engpaßmaschinen dagegen gewinnt der zeitliche Aufwand gegenüber dem personellen Aufwand stark an Bedeutung.

Dies wird durch die Einführung von Parametern berücksichtigt, die die jeweilige Einsatzsituation der Produktionsmaschine kennzeichnen: Die Personalverfügbarkeit V_{per} und die Zeitverfügbarkeit V_{zeit}. Beide Größen liegen zumeist, ähnlich wie die beschriebenen Aufwandswerte, als linguistische Aussagen vor. Für ihre Quantifizierung kann die in Bild 4-16 dargestellte lineare Zugehörigkeitsfunktion herangezogen werden, wenn sie als Zugehörigkeitsfunktion für die Menge

M2 = {linguistische Werte, die "Verfügbarkeit ist hoch" bedeuten}

interpretiert wird.

Um eine Vergleichsgröße für die Abschätzung des tatsächlichen Aufwandes zu erhalten, den eine Elementaraktion in einer bestimmten Situation verursacht, werden die Aufwands- und die Verfügbarkeitswerte zu einem bewerteten Gesamtaufwand A_{ges} zusammengefaßt. Die Berechnungsvorschrift für A_{ges} ist derart zu gestalten, daß eine Steigerung eines Aufwandswertes A_{per} oder A_{zeit} den berechneten Gesamt-Aufwand erhöht, wogegen eine Anhebung der Personalverfügbarkeit V_{per} oder der Zeitverfügbarkeit V_{zeit} den Ergebniswert reduziert. Diese Vorgaben werden von der folgenden, heuristisch ermittelten Berechnungsvorschrift erfüllt:

$$A_{ges} = \frac{A_{per}(1 - V_{per}) + A_{zeit}(1 - V_{zeit})}{2} \tag{4.8}$$

Die Werte für den personellen und den zeitlichen Aufwand werden direkt den Modell-Objekten der Elementaraktionen zugeordnet. Im Klassenschema werden daher entsprechende Erweiterungen um je eine Variable für den personellen und den zeitlichen Aufwand vorgenommen.

4.3.5   Bestimmung und Durchführung von Testaktionen

4.3.5.1   Klassifikation von Tests

Unter Tests werden im Rahmen der vorliegenden Arbeit Elementaraktionen verstanden, bei deren Durchführung Informationen über die Funktionstüchtigkeit von Maschinenkomponenten und über das Vorliegen konkreter Fehler gewonnen werden.

Nach Bild 4-17 lassen sich *automatische* und *manuelle* Tests unterscheiden. Als automatische Tests können einerseits gewöhnliche, dem *Produktionsfortschritt* dienende Elementaraktionen herangezogen werden, wenn durch die zugehörige aktionsinterne Fehlererkennung eine Aussage über den korrekten Ablauf der Aktion getroffen werden kann. Andererseits sind spezielle *Test-Elementaraktionen* vorgesehen, die ausschließlich zu Testzwecken ausgeführt werden. Beispiel für eine solche Aktion zum Testen eines hydraulischen Ventils ist das mehrmalige Schalten in Verbindung mit einer Strom- oder Körperschallanalyse. Diese reinen Testaktionen können entweder Manipulationen an der Maschine ausführen oder ausschließlich der Erfassung von Informationen dienen.

Neben den automatisch ausführbaren Tests, die immer an das Vorhandensein entsprechender Sensorik gebunden sind, kann der Bediener für Testaktionen angefordert werden (*manuelle Elementaraktionen*). Auch bei diesen manuellen Elementaraktionen ist zu unterscheiden, ob der Bediener eine Anlagenmanipulation durchführt oder ob er nur eine beobachtende Aufgabe übernimmt.

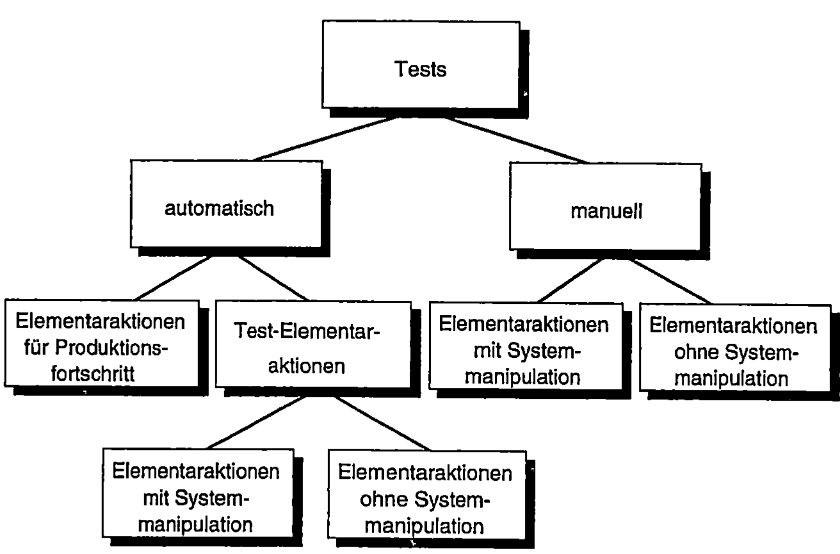

Bild 4-17: Klassifikation von Tests

4.3.5.2 Ermittlung möglicher Testaktionen

Als Testaktionen kommen alle Elementaraktionen in Frage, die eine funktionale Abhängigkeit zu verdächtigen Maschinenkomponenten aufweisen und bei deren

Ausführung Informationen über die Funktionsfähigkeit der verdächtigen Maschinenkomponenten gewonnen werden.

Die Überprüfung einer verdächtigen Komponente kann nach Bild 4-18 auch indirekt durch den Test einer davon funktional abhängigen Komponente erfolgen. Funktioniert die getestete, funktional abhängige Komponente, so ist auch die verdächtige Komponente intakt. Beispielsweise kann bei Intaktheit von Komponente *9* auf die Intaktheit der Komponenten *8*, *6* und *1* geschlossen werden. Daher lassen sich alle Elementaraktionen, die den verdächtigen Komponenten oder den davon funktional abhängigen Komponenten zugeordnet sind, zu den in Frage kommenden Testaktionen rechnen.

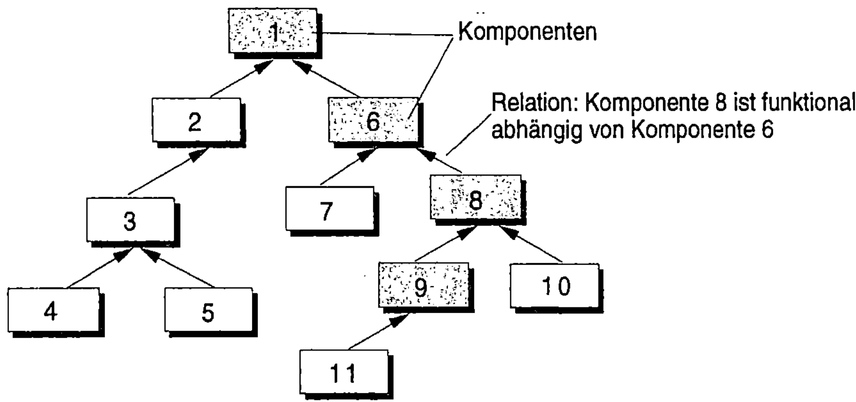

Bild 4-18: Indirekter Funktionstest über funktional abhängige Komponenten

Die neben den verdächtigen Komponenten bestehenden vermuteten Fehler sind ebenfalls zu bestätigen bzw. zu widerlegen. Daher sind Elementaraktionen, die indirekt über Komponentenobjekte mit Objekten vermuteter Fehler verbunden sind, ebenfalls als mögliche Testaktionen zu berücksichtigen.

Der Algorithmus zum Aufspüren der Testaktionen verfolgt die Strategie, alle in Frage kommenden Testaktionen zu erfassen und in eine Liste einzutragen, um eine Auswahlgrundlage für die am besten geeignete Testaktion zu erhalten. Hierfür werden rekursiv alle Elementaraktionen ermittelt, die den Fehlerkandidaten und den davon funktional abhängigen Komponenten zugeordnet sind.

4.3.5.3 Ermittlung und Ausführung von Aktionsfolgen zur Kollisionsvermeidung

Aufgrund der Gefahr von Kollisionen dürfen viele Elementaraktionen nicht aus beliebigen Maschinenzuständen heraus ausgeführt werden. Daher wurde ein automatisches Verfahren zur gezielten Zustandsmanipulation entwickelt, das den für die Ausführung einer Elementaraktion erforderlichen Zustand der Produktionsmaschine herstellen kann.

Das entwickelte Verfahren beruht auf der Annahme, daß durch eine geeignete Aneinanderreihung vorhandener Elementaraktionen die Herstellung jedes relevanten Anlagenzustandes möglich ist. Es gilt, diese Aktionsfolge als Kombination vorhandener Elementaraktionen zu ermitteln (Bild 4-19).

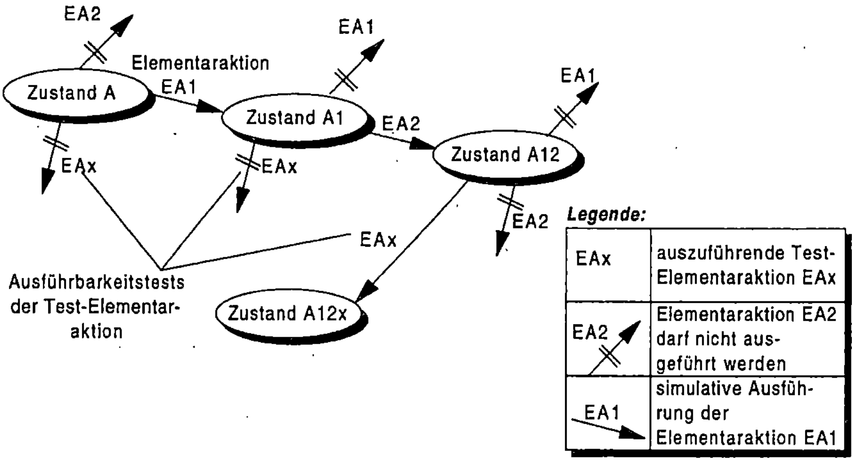

Bild 4-19: Simulatives Ausführen von Elementaraktionen und Ausführbarkeitstest der gewünschten Elementaraktion

Die Lösung dieses nichtlinearen Suchproblems basiert auf der simulativen Veränderung des Maschinen-Zustands durch die simulative Ausführung verschiedener Aktionsfolgen und aus dem sich jeweils anschließenden Ausführbarkeitstest der gewünschten Test-Elementaraktion. Wenn der Ausführbarkeitstest positiv verläuft, ist eine für die Ausführung der Test-Elementaraktion notwendige Aktionsfolge gefunden.

Im dem Beispiel in Bild 4-19 werden, ausgehend vom Ausgangszustand *A*, die Elementaraktionen *EA1*, *EA2* und die auszuführende Test-Elementaraktion *EAx* auf Ausführbarkeit getestet. Nur *EA1*, die den Maschinenzustand *A1* herstellt, darf ausgeführt werden. Von hier aus führt *EA2* in den Zustand *A12*, der eine Ausführung der Test-Elementaraktion *EAx* zuläßt. Die gesuchte Aktionsfolge besteht damit aus *EA1* und *EA2*.

Das Suchproblem läßt sich in drei Teilaufgaben untergliedern: In den *Ausführbarkeitstest von Elementaraktionen*, in die *Simulation von Elementaraktionen* sowie in die Koordination dieser beiden Aufgaben in einem *Suchalgorithmus*. Sowohl für den Ausführbarkeitstest als auch für die Simulation von Elementaraktionen ist ein Abbild des aktuellen bzw. simulierten Maschinenzustandes bereitzustellen. Im folgenden wird der Aufbau dieses Zustandsabbildes und die Konzeption des Ausführbarkeitstests, der Simulation und des Suchverfahrens beschrieben.

Zustandsabbild

Das Zustandsabbild einer Produktionsmaschine läßt sich als die Gesamtheit der Zustände aller Einzelkomponenten der Maschine definieren. Diese Gesamtheit ist als Vektor darstellbar, der die Zustände der Einzelkomponenten (Einzelzustände) als Vektorelemente enthält.

Die Informationen über die Einzelzustände lassen sich in die drei Informationstypen *binär*, *diskret* und *analog* einteilen und gemäß Kapitel 4.2.2 als Vektorelemente darstellen. Binär arbeitende Komponenten, wie beispielsweise Endschalter, kennen nur die Zustände *aktiv* und *inaktiv*. Diese beiden Zustände werden durch die Zahlenwerte *1.0* und *0.0* repräsentiert, stellen also eine binäre Information dar. Komplexere Komponenten, wie beispielsweise das Werkzeug-Kettenmagazin eines Bearbeitungszentrums, kennen mehrere diskrete Zustände und lassen sich somit durch diskrete Informationen darstellen: Stellung 1, Stellung 2, ..., Stellung n. Unter einen dritten

Komponententyp sind analoge, kontinuierlich arbeitende Komponenten einzuordnen, wie beispielsweise NC-Achsen oder Absolutwegsensoren, deren Zustand durch einen Gleitkomma-Zahlenwert zu repräsentieren ist.

Bei Fehlfunktion einer Elementaraktion sowie während der Ausführung schaltender Elementaraktionen ist die Konsistenz zwischen dem Zustandsabbild und der Realität bei den beteiligten Maschinenkomponenten nicht gewährleistet, was *Hofmann (1990)* als *Verlust der Integrität* bezeichnet. Zur Kennzeichnung dieses Falles erhält jedes Element des Zustandsvektors eine zusätzliche Variable zur Angabe der Konsistenz.

Bild 4-20 zeigt ein vereinfachtes Beispiel für einen Zustandsvektor.

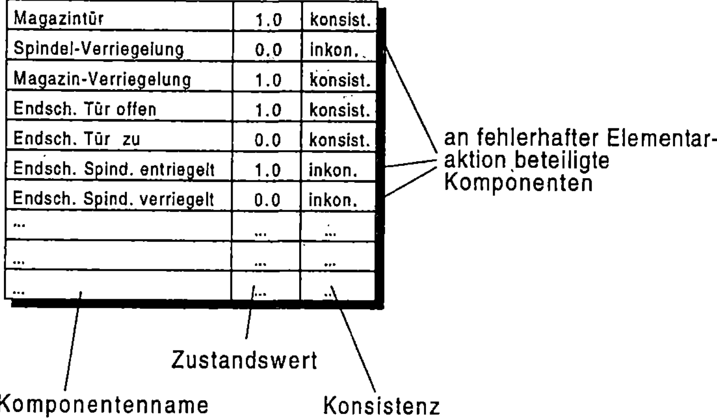

Bild 4-20: Beipiel eines Zustandsvektors, bestehend aus Komponentenname-
Zustandswert-Konsistenz-Tupeln

Ausführbarkeitstest für Elementaraktionen

Die Ausführbarkeit einer Elementaraktion ist dann gegeben, wenn bei ihrer Ausführung keine Kollisionen oder sonstigen gefährlichen Vorgänge, wie beispielsweise das Herabfallen von Werkstücken, zu erwarten sind. Um eine Aussage über die Ausführbarkeit zu erhalten, sind geometrische, kinematische und physikalische Zusammenhänge in Abhängigkeit vom aktuellen Maschinenzustand zu berücksichtigen.

Da eine automatische Analyse dieser meist komplexen Zusammenhänge sehr rechenintensiv ist, scheidet eine online-Berechnung zur Laufzeit aus. Daher wurde die Analyse in den Aufgabenbereich des Steuerungs-Programmierers verlegt, der auftretende Restriktionen in einfache Algorithmen umwandelt. Die Algorithmen verarbeiten Informationen aus dem aktuellen Zustands-Vektor der Produktionsmaschine, indem sie einzelne Elemente des Zustands-Vektors, beispielsweise durch boolesche Verknüpfungen, zu einer Ausführbarkeits-Aussage verdichten. Die Algorithmen sind für jede Elementaraktion getrennt zu erstellen.

Als geeignete Lösung für die Darstellung der Algorithmen bietet sich das bereits beschriebene, universell konfigurierbare Baukastensystem zur Datenverarbeitung an, das aus dem Zustandsvektor beliebige Elemente herausgreifen und zu einem einelementigen Ausgabe-Vektor verdichten kann, der die Information über die Ausführbarkeit beinhaltet (Bild 4-21).

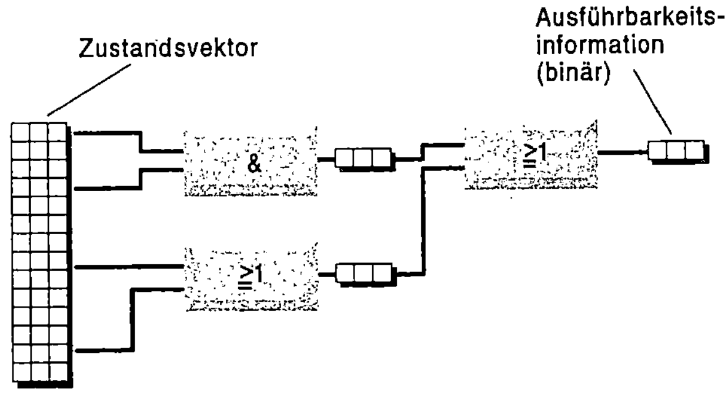

Bild 4-21: Daten-Verarbeitungsnetz zur Beurteilung der Ausführbarkeit

Da der beschriebene Ausführbarkeitstest jeweils vor Beginn der Elementaraktionen stattfindet, ist er der Preprozeß-Fehlererkennung zuzuordnen. Zur informationstechnischen Darstellung der Preprozeß-Fehlererkennung wird das Datenverarbeitungs-Netz als Objektklasse in das Datenschema des Anlagenmodells integriert. Für die Verknüpfung mit Elementaraktions-Objekten ist eine gerichtete Relation vom Typ *"ist Preprozeß-Fehlererkennung"* vorgesehen.

Ebenso wie die Preprozeß-Fehlererkennung können auch In- und Postprozeß-Fehlererkennung im Datenschema des Maschinenmodells ihren Niederschlag finden. Bild 4-22 zeigt den zugehörigen Ausschnitt aus dem Datenschema.

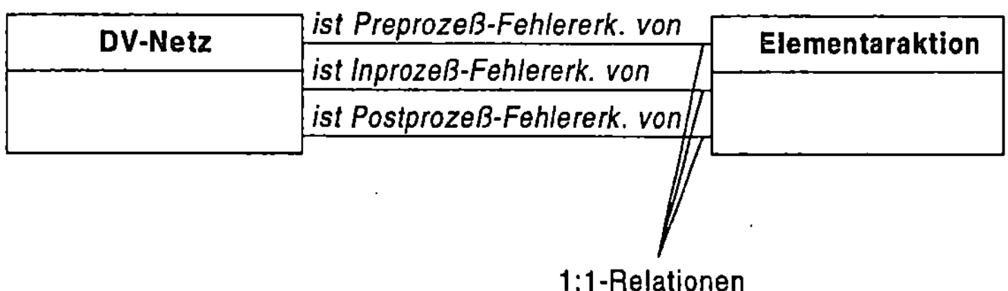

Bild 4-22: Ausschnitt aus dem Datenschema des Maschinenmodells: Schemabereich Fehlererkennung

Simulation von Elementaraktionen

Bei der Simulation wird die Auswirkung von Elementaraktionen auf den Zustandsvektor nachgebildet. Hierfür sind einzelne Vektorelemente durch mathematische und logische Manipulationen zu verändern.

Die Vielfalt möglicher Manipulationen ist sehr hoch. Sie reicht von einem einfachen Setzen eines Zahlenwertes bei schaltenden Elementaraktionen bis hin zu analytischen und booleschen Rechenoperationen bei komplexen Elementaraktionen. Aufgrund dieses breiten Spektrums möglicher Simulationsvorschriften kommt auch hier das universelle Baukastensystem zur Datenverarbeitung zum Einsatz. Der Eingangsvektor für das Netz ist ein aktueller oder bereits simulativ veränderter Zustandsvektor. Er bildet gleichzeitig den Ausgangsvektor, so daß sich simulierte Veränderungen direkt im duplizierten Zustandsvektor niederschlagen (Bild 4-23).

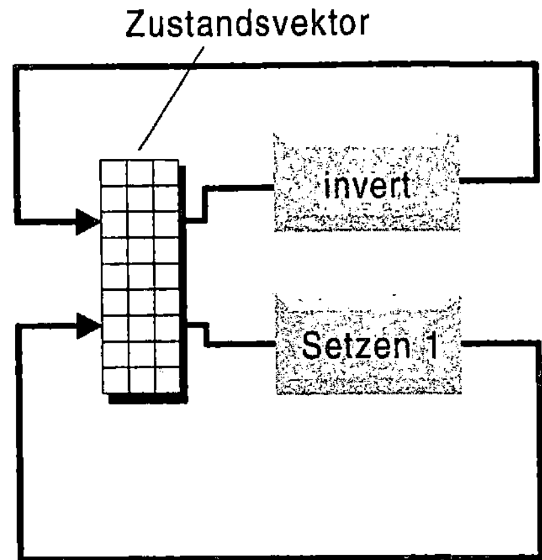

Bild 4-23: Datenverarbeitungs-Netz zur Simulation von Elementaraktionen

Da die Simulationsvorschrift den einzelnen Elementaraktionen zuzuordnen ist, wird auch das Datenobjekt des Simulations-Netzes mit den Elementaraktions-Objekten im Anlagenmodell verknüpft (Bild 4-24). Neben der Simulation dient das Netz auch der Aktualisierung des Zustandsabbildes bei tatsächlich durchgeführten Aktionen.

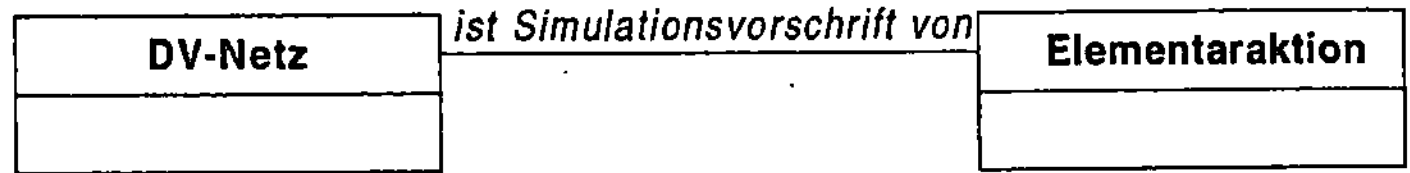

Bild 4-24: Ausschnitt aus dem Datenschema des Maschinenmodells: Schemabereich
        Simulation

Suchverfahren zur Ausführung von Elementaraktionen

Aufgabe des Suchalgorithmus ist es, ausgehend von einem aktuellen Maschinenzustand in einen für die Ausführung der vorgegebenen Testaktion erlaubten Zustand zu finden. Hierzu ist eine entsprechende Folge aus vorhandenen Elementaraktionen zu ermitteln.

Unter verschiedenen Möglichkeiten zur Lösung dieses Suchproblems wurde zunächst die Methode der vollständigen Breitensuche auf Basis der Simulation gewählt. Dies bedeutet, daß ausgehend von dem aktuellen Zustand die Zustandsveränderungen aller in diesem Zustand erlaubten Elementaraktionen simuliert werden und die simulierten Zustände abgespeichert werden. Mit jedem der simulierten Zustände wird geprüft, ob die Testaktion ausgeführt werden darf. Falls dies bei mindestens einem Zustand der Fall ist, ist der gewünschte Weg gefunden. Andernfalls wird derselbe Vorgang mit jedem der simulierten Zustände in der nächsten Suchebene wiederholt (Bild 4-25), bis entweder aufgrund der Zielerreichung oder aufgrund einer Aufwandsüberschreitung abgebrochen wird. Die Breitensuche ist daher dadurch gekennzeichnet, daß erst alle möglichen Elementaraktionen einer Ebene simuliert werden, bevor in die nächsttiefere Ebene gesprungen wird. Die priore Suchrichtung weist damit in die Breite.

Mit zunehmender Suchtiefe wächst die Anzahl zu simulierender Elementaraktionen exponentiell an, wobei als Maximalabschätzung die Formel

$$N_s = N_{ea} \cdot \sum_{n=1}^{T} (N_{ea} - 1)^{n-1}$$

$$(4.9)$$

verwendet werden kann. N_s ist die Zahl der zu simulierenden Elementaraktionen, N_{ea} die Zahl der vorhandenen Elementaraktionen und T die Suchtiefe. In der Realität wird die Zahl der zu testenden Elementaraktionen jedoch deutlich geringer ausfallen, da nur die Zustände der jeweils erlaubten Aktionen weiterverwendet werden und daher nicht alle kombinatorisch möglichen Suchäste durchlaufen werden.

In gleicher Weise wie die Zahl zu simulierender Elementaraktionen steigt der Speicherbedarf des Rechners, da alle simulierten Zustandsvektoren gespeichert werden müssen. Bei einem Werkzeugwechsler eines durchschnittlichen Bearbeitungszentrums sind ca. *20* unterschiedliche Elementaraktionen vorhanden *(z.B. Deckel 1984)*.

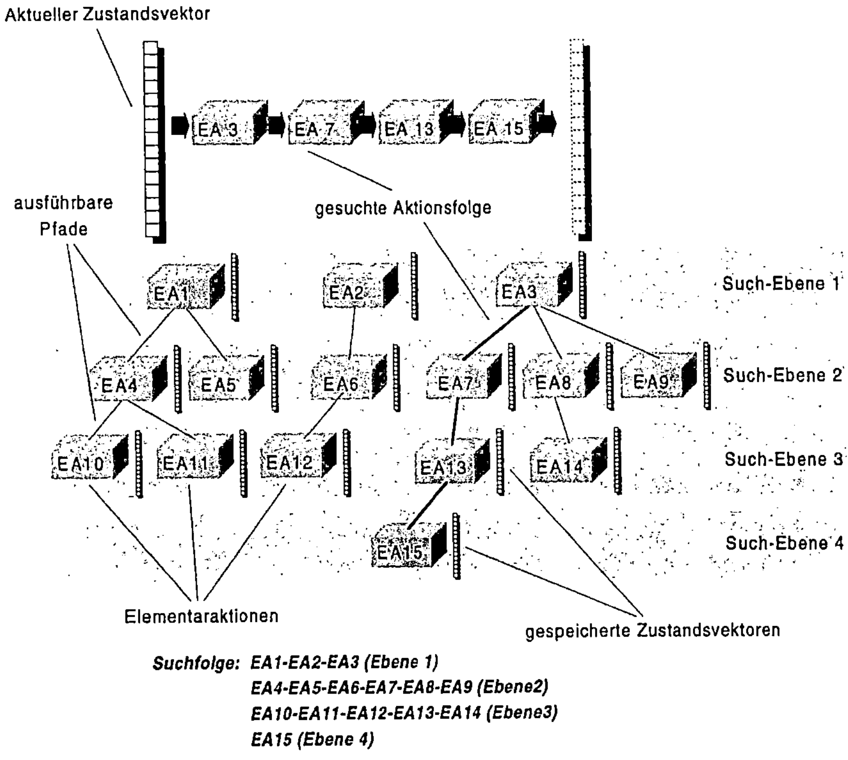

Suchfolge: *EA1-EA2-EA3 (Ebene 1)*
EA4-EA5-EA6-EA7-EA8-EA9 (Ebene2)
EA10-EA11-EA12-EA13-EA14 (Ebene3)
EA15 (Ebene 4)

Bild 4-25: Breiten-Suchverfahren für Aktionsfolgen zur Kollisionsvermeidung

Dies bedeutet, daß bei einer Suchtiefe von *3* im ungünstigsten Fall

$$20 \cdot (1 + (20 - 1) + (20 - 1)^2) = 7620$$

unterschiedliche Elementaraktionen getestet und deren simulierte Zustandsvektoren abgespeichert werden müssen. Bei einer geschätzten Komponentenanzahl von *100* im Werkzeugwechsler und einem geschätzten Speicherbedarf von *40* Byte pro Komponente für das entsprechende Zustandsvektor-Element ergibt dies einen gesamten Speicherplatzbedarf von ca. *29* MByte, der zusätzlich zu dem für die Programme benötigten Speicher erforderlich wäre. Dies ist bei modernen Rechnern der unteren Preisklasse, auf denen die Maschinensteuerung implementiert werden soll, ein zu hoher Wert. Eine Suchtiefe von 2 ergäbe nach analogen Berechnungen einen Bedarf von ca. *1.5* MByte und wäre damit ohne weiteres realisierbar.

Allerdings reicht die Suchtiefe von 2 in einigen Fällen nicht aus. Aus diesem Grunde wird zusätzlich ein weiterer, auf der Tiefensuche basierender Suchmodus verwendet, der auf den Ergebnissen der Breitensuche aufbaut und extrem wenig Speicherplatz benötigt.

Bei der Tiefensuche weist die priore Suchrichtung in die Tiefe. Ausgehend von einem Zustandsvektor werden dabei sukzessive alle möglichen Suchpfade von Anfang bis Ende verfolgt. Bezogen auf den in Bild 4-25 dargestellten Suchbaum würde dies der nachstehenden Suchfolge entsprechen:

> EA1-EA4-EA10 (Pfad 1)
> EA1-EA4-EA11 (Pfad 2)
> EA1-EA5 (Pfad 3)
> EA2-EA6-EA12 (Pfad 4) usw.

Das Ende eines Pfades ist dann erreicht, wenn der vorliegende, zuletzt simulierte Zustandsvektor keine weitere Ausführung einer Elementaraktion erlaubt oder wenn die gewünschte Elementaraktion ausführbar ist. Um Endlosschleifen bei der Suche zu verhindern, wird der Pfad bei einer festgelegten Suchtiefe abgebrochen.

Die Zahl der insgesamt zu testenden Elementaraktionen ist hier allerdings wesentlich höher als bei der Breitensuche, da der komplette Suchpfad bei jedem Test eines neuen Teilastes erneut vollständig aufgebaut werden muß. Damit steigt der Zeitbedarf an.

Eine Maximalabschätzung für die Zahl der zu testenden Elementaraktionen bei der Tiefensuche läßt sich mit der Formel

$$N_s = T \cdot N_{ea} \cdot (N_{ea} - 1)^{T-1} \tag{4.10}$$

durchführen. Im Vergleich zur Breitensuche ist die Zahl der zu testenden Elementaraktionen bei der Tiefensuche größer oder gleich. Dagegen ist nur jeweils ein Zustandsvektor je Suchebene zu speichern, maximal also T Vektoren.

Auswahl und Ausführung einer Aktionsfolge

Der beschriebene, aus der Breiten- und Tiefensuche bestehende Suchalgorithmus bricht nicht bei der ersten gefundenen Lösung ab, sondern erstellt eine Auswahlliste mit mehreren möglichen Elementaraktionen und Aktionsfolgen. Aus dieser Menge ist die bezüglich des Aufwandes optimale Folge auszuwählen.

Der Gesamtaufwand einer Aktionsfolge setzt sich additiv aus den Aufwandswerten der beteiligten Elementaraktionen zusammen und wird für jede Aktionsfolge getrennt, wie in Kapitel 4.3.4 beschrieben, ermittelt. Die Aktionsfolge mit dem geringsten Gesamt-Aufwandswert stellt ein aufwandsbezogenes Optimum dar und wird zur Ausführung gebracht. Die einzelnen Aktionen innerhalb der Aktionsfolge werden dabei wie gewöhnliche Elementaraktionen behandelt.

4.3.6 Zusammenfassung

Die vorgestellte Fehlerlokalisierung wird durchlaufen, wenn während der Ausführung einer Elementaraktion ein Fehler erkannt wurde. Die Aufgabe besteht darin, den Fehler auf eine geringe Anzahl möglicher Fehlerorte einzugrenzen.

Die hierfür notwendigen Informationen liegen zum Zeitpunkt der Fehlererkennung meist nicht in ausreichendem Maße vor, so daß zunächst nur eine grobe Lokalisierung des Fehlers möglich ist. Zur Beschaffung weiterer Informationen wurde eine Vorgehensweise entwickelt, die dem menschlichen Verhalten bei der Fehlersuche entspricht: Die wiederholte Ausführung von Tests und von Messungen zur schrittweisen Fehlereingrenzung.

Dieses automatisierte Verfahren greift auf Wissen zurück, das objektorientiert in einem Anlagenmodell abgelegt ist. Die unterschiedlichen Objektklassen dieser Wissensrepräsentation sowie die möglichen Relationen zwischen den Objekten gibt Bild 4-26 wieder.

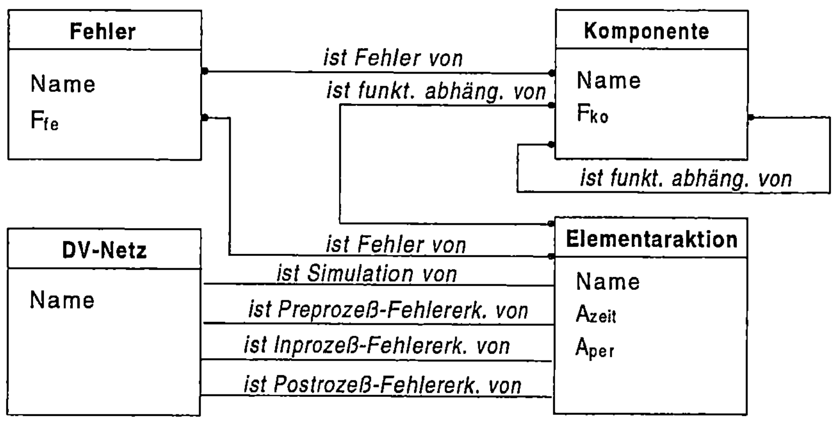

*Bild 4-26: Ausschnitt aus dem Datenschema des Anlagenmodells: Bereich
Fehlerlokalisierung*

Wie bei allen modellbasierten Wissensrepräsentationen ist auch hier der
Erstellungsaufwand für das Modellwissen relativ hoch. Beispielsweise sind in einem
Modell, welches in einem angemessenen Abstraktionsgrad für den Werkzeugwechsler
eines Bearbeitungszentrums mit zugehörigem Werkzeugmagazin erstellt wurde, ca 100
Komponenten und 27 Elementaraktions-Objekte mit allen zugehörigen Informationen
enthalten. Zusätzlich waren Fehler-Objekte, Objekte von Reaktionen und von
redundanten und inversen Elementaraktionen in das Maschinenmodell zu integrieren,
das hierdurch auf ca. 300-500 Objekte anwuchs. Die Speicherkapazität für dieses
Modell liegt bei ca. 1.5 bis 3 MByte.

Die auf Basis des Maschinenmodells ermittelten Testaktionen können nicht aus
beliebigen Maschinenzuständen ausgeführt werden, da im allgemeinen die Gefahr von
Kollisionen besteht. Daher wurde ein Suchverfahren für Aktionsfolgen entwickelt, die

die Maschine in einen für die Ausführung der Testaktion geeigneten Zustand bringen. Das Suchverfahren, das die Aktionsfolgen durch Kombination vorhandener Elementaraktionen aufbaut, basiert auf der simulativen Ausführung vorhandener Elementaraktionen und auf dem anschließenden Ausführbarkeitstest der gewünschten Testaktion.

Die iterative Fehlerlokalisierung wird entweder dann abgebrochen, wenn der kumulierte Aufwand eine tolerierbare Grenze überschreitet (Mißerfolg) oder wenn die Menge der Fehlerkandidaten ausreichend eingeschränkt werden konnte (Erfolg). Bei einem erfolgreichen Abschluß der Fehlerlokalisierung stehen einige wenige Fehlermöglichkeiten fest, die im Rahmen der anschließenden Fehlerbehebung zu umgehen oder zu beheben sind.

4.4   Fehlerbehebung

4.4.1   Übersicht

In diesem Kapitel wird ein Überblick über mögliche Maßnahmen zur Fehlerbehebung gegeben und die rechnergeführte Ermittlung und Durchführung geeigneter Maßnahmen konzipiert. Eine Erfolgsprüfung, die auf jede durchgeführte Maßnahme folgt, wird ebenfalls beschrieben.

Ähnlich wie die Fehlerlokalisierung stellt auch die Fehlerbehebung einen iterativen Vorgang dar, dessen Elemente in Bild 4-27 dargestellt sind. Ein Einsprung in diese Aufgabenkette erfolgt, wenn die Fehlerlokalisierung erfolgreich abgeschlossen werden konnte.

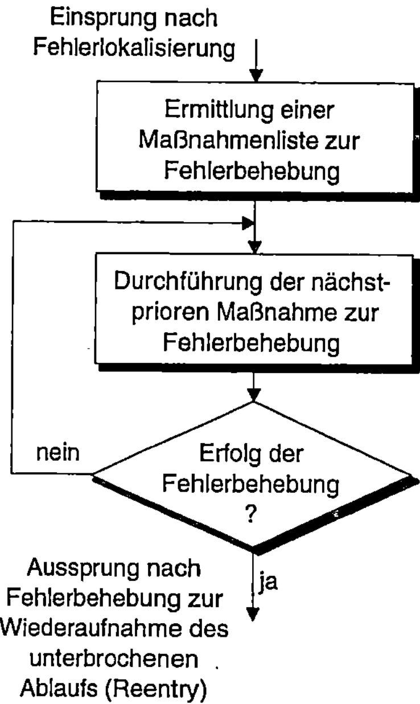

Bild 4-27: Prinzip der selbständigen Fehlerbehebung

In einem ersten Schritt wird eine Liste mit möglichen Maßnahmen zur partiellen oder vollständigen Fehlerbehebung erstellt und nach Gesichtspunkten des Aufwandes und der Erfolgsaussicht priorisiert. Die jeweils priore Maßnahme wird ausgeführt und einem anschließenden Erfolgstest unterzogen, von dessen Ergebnis der Abbruch der Fehlerbehebung bzw. die Ausführung der nächstprioren Maßnahme aus der Liste abhängt.

Wenn die Fehlerbehebung erfolgreich abgeschlossen werden konnte, ist der ursprüngliche Maschinenzustand wieder herzustellen und mit dem unterbrochenen Ablauf fortzufahren. Die Vorgehensweise hierfür wird in dem Teilkapitel "Reentry" erläutert.

4.4.2   Klassifikation von Maßnahmen zur Fehlerbehebung

In Anlehnung an *Schneider (1994)* lassen sich die Maßnahmen zur Fehlerbehebung in *Reparatur, Rücksetzoperation, Kompensation, Fluchtoperation* und *Rekonfigurierung* einteilen (Bild 4-28).

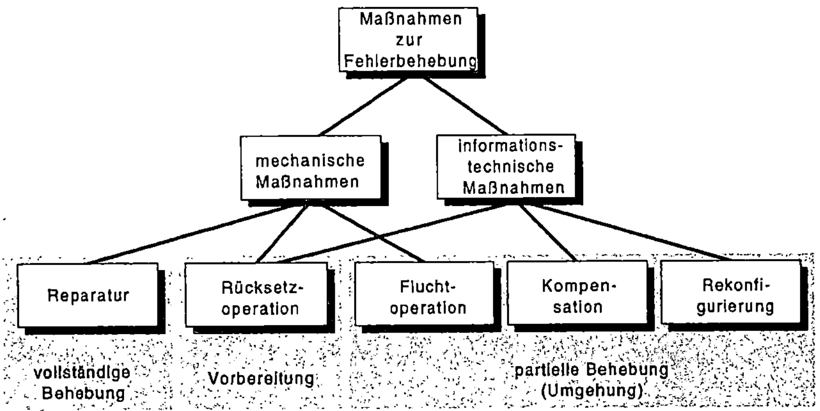

Bild 4-28: Klassifikation von Maßnahmen zur Fehlerbehebung

Eine zusätzliche Unterscheidung ist hinsichtlich des Wirkungsbereiches in *mechanische* und *informationstechnische* Maßnahmen möglich.

Mechanische Maßnahmen wie Reparatur und Fluchtoperation sind mit mechanischen Vorgängen und Veränderungen an der Maschine verbunden und verursachen daher immer einen gewissen Aufwand. Dagegen handelt es sich bei den informationstechnischen Maßnahmen um reine Veränderungen von Daten innerhalb der Maschinensteuerung. Die Durchsetzung dieser Maßnahmen, zu denen die Kompensation und die Rekonfigurierung gehören, verursacht daher im allgemeinen keinerlei Aufwand.

Die Rücksetzoperation nimmt eine Sonderstellung ein. Wenn sie mechanische Vorgänge auslöst und daher Aufwand verursacht, wird sie den mechanischen Maßnahmen zugerechnet. Findet die Rücksetzoperation dagegen ausschließlich auf informationstechnischer Ebene statt, so ist sie in die Gruppe der informationstechnischen Maßnahmen einzuordnen.

Eine weitere Einteilung läßt sich in Maßnahmen zur *vollständigen Fehlerbehebung*, in Maßnahmen zur *partiellen Fehlerbehebung* (Umgehung) und in *vorbereitende Maßnahmen* vornehmen. Im folgenden werden die Maßnahmentypen beschrieben und die jeweilige informationstechnische Darstellungsweise konzipiert.

Reparatur

Alle Maßnahmen zur vollständigen Fehlerbehebung fallen unter die Kategorie *Reparatur*. Nach *Schneider (1994)* sind unter Reparatur der *Austausch*, das *Verbessern* und das *Ausbessern* von Komponenten zu verstehen. Diese Arbeiten sind im allgemeinen nur manuell ausführbar.

Reparaturmaßnahmen können als Elementaraktionen dargestellt werden, deren Schnittstelle nicht ausschließlich zur gesteuerten Maschine, sondern vorwiegend zum Bediener besteht. Sie bieten eine schrittweise, dialogorientierte Unterstützung bei der Reparatur. Über m:m-Relationen vom Typ *"ist Reparatur von"* können diese speziellen Elementaraktionen in das Maschinenmodell eingebracht werden (Bild 4-29).

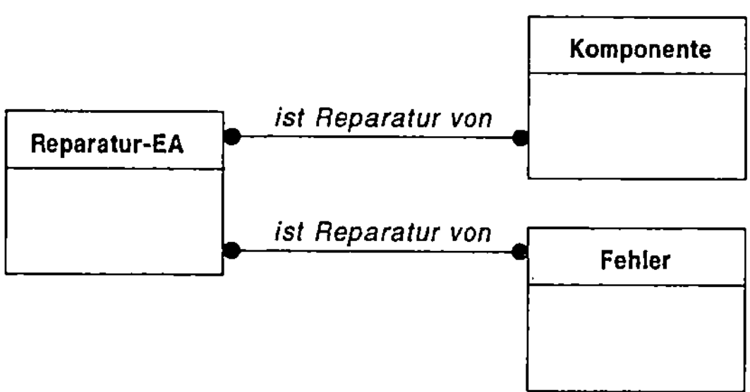

Bild 4-29: Erweiterung des Datenschemas um Reparaturaktionen

Sowohl zu Komponenten als auch zu Fehlern ist eine Zuordnung von Reparatur-Aktionen möglich.

Rücksetzoperation

Zur Kategorie *Rücksetzoperationen* rechnet *Schneider (1994)* die *Backward Recovery*, die die Produktionsmaschine auf einen vor der betreffenden Elementaraktion herrschenden Zustand bringt, und die *Reset-Aktion*, die eine Elementaraktion in einen Initialisierungszustand versetzt. Backward Recovery und Reset-Aktion dienen ausschließlich der Vorbereitung weiterer Maßnahmen, wie z.B. der Aktionswiederholung.

Die Backward Recovery verlangt bei schaltenden Elementaraktionen eine Information über die zugehörige inverse Elementaraktion (Bild 4-30). Diese Information ist als Relation vom Typ *"ist invers zu"* in das Anlagenmodell integriert.

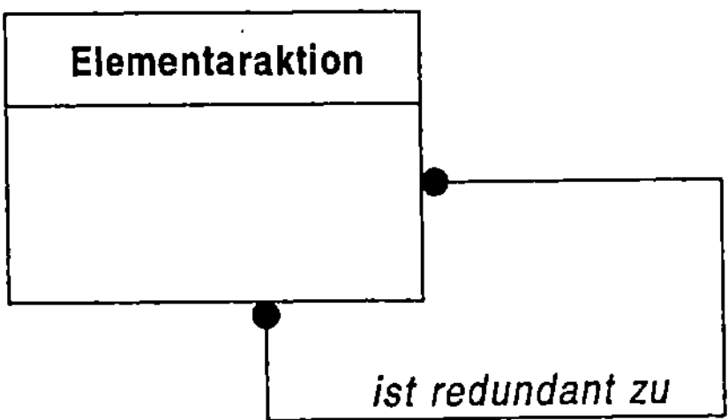

Bild 4-30: Erweiterung des Datenschemas um Relationen zwischen inversen Elementaraktionen

Im Falle parametrisierter, komplexer Elementaraktionen mit mehreren möglichen Ausgangszuständen ist dieser Verweis auf die betroffene Elementaraktion selbst zu richten und die Backward Recovery unter Vorgabe des abgespeicherten Zustandsvektors, der den Maschinenzustand vor Fehlerauftritt repräsentiert, auszuführen.

Voraussetzung hierfür ist das Vorhandensein entsprechender Mechanismen zur Verarbeitung der Zustandsinformation. Für die Darstellung dieser Mechanismen eignet sich das bereits beschriebene Baukastensystem zur Datenverarbeitung. Es wird durch eine Relation *"ist Bwd. Recovery zu"* im Datenschema des Maschinenmodells berücksichtigt (Bild 4-31).

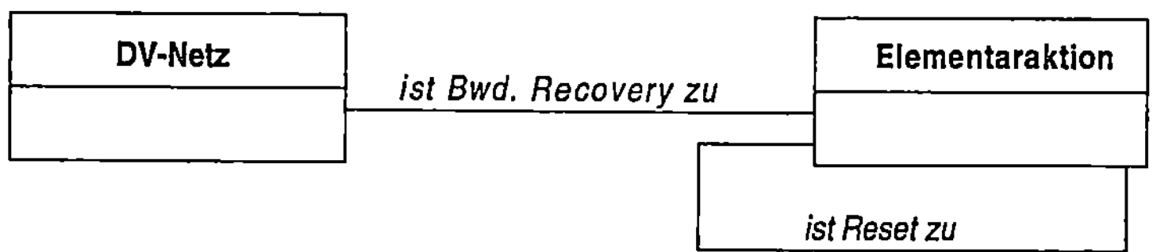

Bild 4-31: Erweiterung des Datenschemas um DV-Netze für die Backward Recovery und den Reset

Die Reset-Aktion wird im Konzept der Maschinensteuerung als eigenständige Elementaraktion dargestellt und über Relationen vom Typ *"ist Reset zu"* verknüpft. Die Reset-Aktion ist sowohl für schaltende als auch für komplexe Elementaraktionen vorgesehen und dient dazu, beteiligte Maschinenkomponenten in eine definierte Position zu bringen.

Kompensation

Zur Kompensation werden nach *Schneider (1994)* die *Korrektur* und die *Maskierung*, d.h. die Ausblendung fehlerhafter Signale gezählt. Hierfür ist Informations-Redundanz erforderlich.

Bei Korrektur und Maskierung wird die Verarbeitung der Sensorsignale zur Fehlererkennung verändert. Die rechnertechnische Darstellung dieser Veränderung ist durch die Einführung einer zusätzlichen, individuellen Elementaraktion erreichbar, die z.B. mittels einer Auswertung der entsprechenden redundanten, fehlerfreien Sensorsignale das fehlerhafte Signal ausblendet. Bei Bedarf wird durch einen Eintrag in das entsprechende Datenobjekt von der fehlerhaften Elementaraktion auf die redundante Elementaraktion "umgeschaltet". In der Modell-Datenstruktur wird dieses Umschalten durch eine Relation *"ist redundant zu"* zwischen den beiden Elementaraktions-Objekten ermöglicht (Bild 4-32).

Hierfür ist bei der ursprünglichen, fehlerhaften Elementaraktion ein Verweis auf die kompensierende, funktionsfähige Elementaraktion zu führen und aus gegebenem Anlaß wieder aufzuheben. Die Umschaltung ist solange beizubehalten, bis eine Reparatur durchgeführt wird.

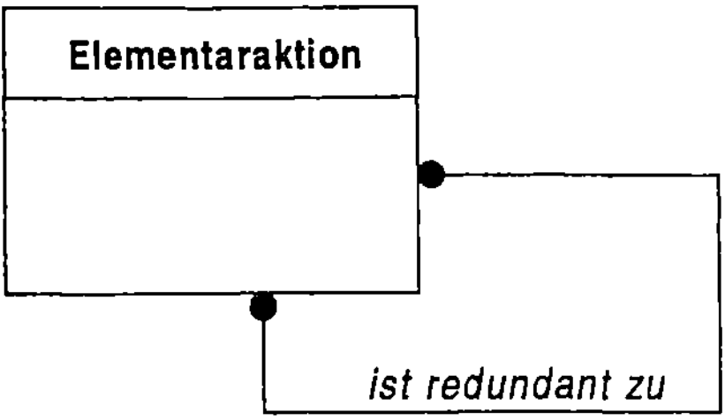

Bild 4-32: Erweiterung des Datenschemas um Relationen zur Zuordnung redundanter Elementaraktionen

Fluchtoperation

Unter *Fluchtoperation* versteht *Schneider (1994)* das Versetzen der Anlage in einen zukünftigen Zustand, von dem aus der normale Ablauf ohne Gefahr weitergeführt werden kann. Dies wird durch Überspringen von Ablaufschritten erreicht.

Während sich die bisher beschriebenen Maßnahmen auf aktionsinterner Ebene bewegen, wirkt die Fluchtoperation auf die Durchführung des Auftrages ein. Behebungsaktionen auf dieser maschinenferneren Ebene wurden bereits in anderen Arbeiten, beispielsweise von *Koch (1995)*, untersucht. Daher soll die Betrachtung von Fluchtoperationen ausgeklammert werden.

Rekonfigurierung

Dieser Begriff faßt nach *Schneider (1994)* die Maßnahmen *Verlagern* und *Eingliedern* zusammen, die eine Redundanz von Funktionseinheiten ausnutzen. *Verlagern* bedeutet die Übernahme der Funktion durch ungestörte Funktionseinheiten, die bereits durch ähnliche Funktionen belegt sind. Als *Eingliedern* wird die Übernahme der Funktion durch bisher funktionslose Einheiten bezeichnet.

Die hierfür notwendige Redundanz kompletter Funktionseinheiten auf Maschinenebene wird aus Kostengründen im allgemeinen nicht realisiert und soll deshalb im Rahmen der vorliegenden Arbeit nicht betrachtet werden.

4.4.3 Ermittlung und Durchführung von Behebungsmaßnahmen

Das Konzept der Maschinensteuerung sieht die Erstellung einer Liste möglicher Maßnahmen zur Fehlerbehebung vor. Die Reihenfolge der in der Liste aufgeführten Maßnahmen entspricht einer nach Aufwand und Erfolgswahrscheinlichkeit gestaffelten Priorisierung.

Die Erstellung dieser Liste erfolgt unter Zugriff auf das Maschinenmodell in zwei Einzelschritten. Der erste Schritt besteht in der rekursiven Ermittlung aller zu den Fehlerkandidaten zugeordneten Behebungs-Elementaraktionen (Bild 4-33).

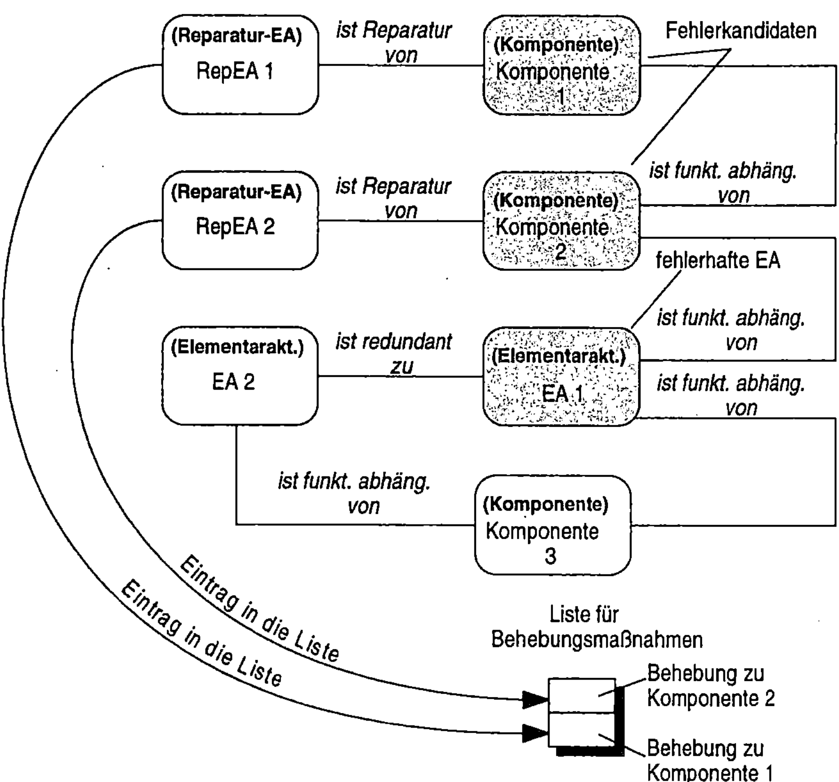

Bild 4-33: Schritt 1: Erstellung einer Liste mit Aktionen zur Fehlerbehebung

Das in Bild 4-33 dargestellte Beispiel zeigt einen Ausschnitt aus einem Maschinenmodell. Als Ergebnis der Fehlerlokalisierung sind z.B. als Fehlerkandidaten *"Komponente 1"* und *"Komponente 2"*, die an der fehlerhaften Elementaraktion (*EA1*) beteiligt sind, isoliert worden. Die zu diesen Fehlerkandidaten zugeordneten, mechanischen Behebungs-Elementaraktionen werden daher in die Liste eingetragen. Die entstehende Liste ist primär nach absteigenden Fehler-Evidenzen der Fehlerkandidaten, sekundär nach Aufwandswerten der Behebungs-Elementaraktionen geordnet.

In einem zweiten Schritt (Bild 4-34) wird diese Liste, die bisher nur mechanische Maßnahmen zur Fehlerbehebung enthält, um mögliche informationstechnische Maßnahmen zur Fehlerumgehung erweitert. Dabei werden diejenigen Elementaraktionen ermittelt, die zur fehlerhaften Elementaraktion redundant sind und die nicht auf die defekten Komponenten (z.B. Sensoren) angewiesen sind.

Beginnend bei dem prioren Fehlerkandidaten, der durch einen hohen Evidenzwert F_{ko} gekennzeichnet ist, erfolgt hierfür eine Suche nach allen zu der fehlerhaften Elementaraktion redundanten Elementaraktionen. Aus dieser Menge werden diejenigen Elementaraktionen ausselektiert und in die Liste eingetragen, die nicht auf die defekte Komponente oder auf davon funktional abhängige Komponenten angewiesen sind.

Von der einmal erstellten Liste wird die jeweils priore Maßnahme entweder als Elementaraktion ausgeführt (mechanische Maßnahme) oder als Umschalt-Auftrag in das Datenobjekt der fehlerhaften Aktion eingetragen (informationstechnische Maßnahme).

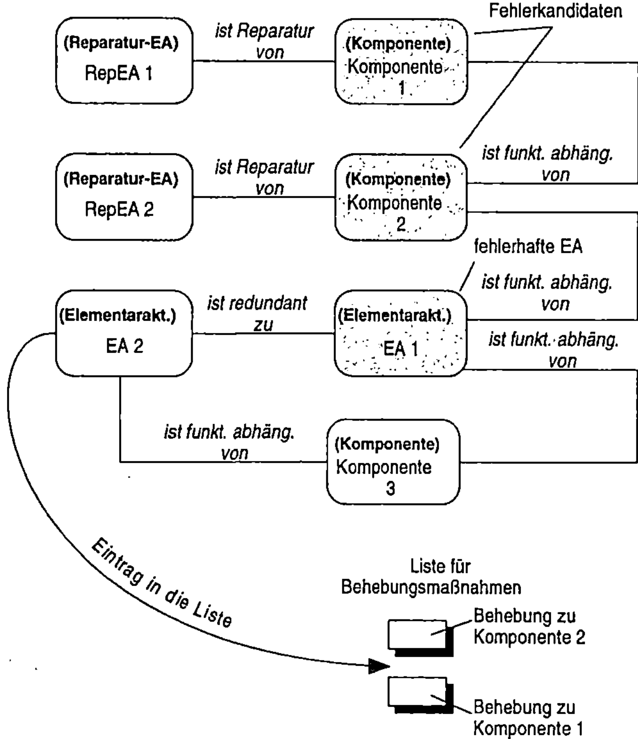

Bild 4-34: Schritt 2: Ergänzung der Liste um informationstechnische Maßnahmen

4.4.4 Erfolgsprüfung

Jede ausgeführte Maßnahme zur Fehlerbehandlung ist auf Erfolg oder Mißerfolg zu überprüfen.

Eine erste Möglichkeit dazu besteht in der Wiederholung der ursprünglich fehlerhaften Elementaraktion. Hierfür ist die Produktionsmaschine in einen für die Ausführung dieser Elementaraktion erlaubten Zustand zu fahren. Dabei stellt sich die Problematik, daß das Zustandsabbild bei den an der ursprünglich fehlerhaften Elementaraktion beteiligten Komponenten noch inkonsistent sein kann.

Dieses Problem wird durch einen Reset der zu wiederholenden Elementaraktion gelöst. Der Reset hat die Aufgabe, die an der Elementaraktion beteiligten Komponenten in eine definierte Stellung zu bringen. Sowohl für den Reset als auch für die Aktionswiederholung ist, wie in Kapitel 4.3.5.3 beschrieben, eine Aktionskette zur Kollisionsvermeidung zu ermitteln und auszuführen.

Nach einer erfolgreich verlaufenen Aktionswiederholung ist auch von einem Erfolg der Fehlerbehebung auszugehen. Die zugehörigen Elemente des Zustandsvektors werden dann als konsistent markiert.

Falls eine Reparatur als Maßnahme zur Fehlerbehebung durchgeführt wurde, ergibt sich eine zweite Möglichkeit der Erfolgsprüfung. Die Funktionsfähigkeit kann dann durch die Ausführung einer beliebigen Testaktion zu dieser Komponente oder zu davon funktional abhängigen Komponenten verifiziert werden. Hierzu kommt das bereits beschriebene Suchverfahren zur Ermittlung von Testaktionen zum Einsatz.

4.4.5   Zusammenfassung

Für die Fehlerbehebung wird eine Liste mit möglichen, nach Aufwand priorisierten Maßnahmen zur Fehlerbehebung erstellt. Entsprechend der Priorisierung erfolgt eine einzelne Ausführung der Maßnahmen mit einem jeweils anschließenden Erfolgstest. Die möglichen Maßnahmen gliedern sich in mechanische Maßnahmen, die mit physikalischen Veränderungen an der Produktionsmaschine verbunden sind, und in informationstechnische Maßnahmen, bei denen lediglich eine datentechnische Manipulation erfolgt.

Zur informationstechnischen Darstellung der Maßnahmen wurde das Datenschema eines Strukturmodells für die gesteuerte Produktionsmaschine schrittweise erweitert. Eine Übersicht über diese Erweiterungen gibt Bild 4-35.

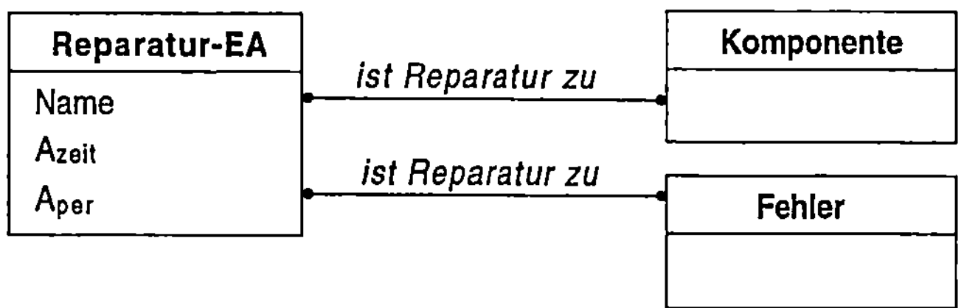

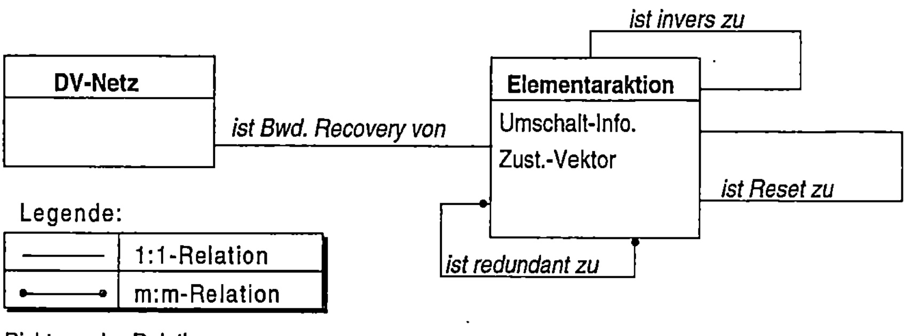

Bild 4-35: Ausschnitt aus dem Datenschema des Maschinenmodells: Bereich Fehlerbehebung (nur Erweiterungen)

4.5 Reentry

Die Maßnahmen zum automatischen Weiterführen des Maschinenbetriebes werden unter dem Begriff *Reentry* zusammengefaßt. Sie sind notwendig, da durch den Fehler sowie durch die Test- und Behebungsaktionen der Maschinenzustand im allgemeinen verändert wird und daher nicht ohne weiteres der unterbrochene Ablauf direkt fortgesetzt werden kann.

Herstellung der Konsistenz des Zustandsabbildes

Voraussetzung für das Reentry ist die vollständige Konsistenz des Zustandsabbildes und die vollständige Behebung bzw. Umgehung des Fehlers. Falls Inkonsistenzen bestehen, so ist zunächst deren automatische Aufhebung durch Reset-Aktionen der zu den als inkonsistent gekennzeichneten Komponenten zugehörigen Elementaraktionen auszuführen. Gelingt dies nicht, ist der Bediener anzufordern, um das System manuell in den jeweiligen Resetzustand zu bringen und das Zustandsabbild zu aktualisieren. Die Anlage befindet sich daraufhin wieder in einem definierten, voll funktionsfähigen Zustand.

Herstellung des ursprünglichen Maschinenzustandes

Zur Fortsetzung des unterbrochenen Ablaufes ist darüberhinaus der ursprüngliche Maschinenzustand herzustellen, der vor dem Auftritt des Fehlers vorlag.

Hierfür wird das in Kapitel 4.3.5.3 beschriebene, simulative Suchverfahren für Aktionsfolgen zur Kollisionsvermeidung im wesentlichen übernommen. Die systematische, simulative Veränderung des Zustandsvektors bildet auch hier das Grundkonzept. Abweichend vom bekannten Verfahren erfolgt hier die Überprüfung der Zielerreichung durch den Vergleich des simulierten und des gewünschten Zustandsvektors. Bei der vollständigen Übereinstimmung beider Vektoren ist die gesuchte Aktionsfolge gefunden. Zur Effizienzsteigerung werden primär die erfolgversprechenden Aktionskombinationen, die die höchste Übereinstimmung zwischen simuliertem und gewünschtem Vektor aufweisen, verfolgt (Bild 4-36). Wenn ein Aktionspfad keinen Fortschritt mehr ermöglicht, wird er verworfen. Diese Vorgehensweise entspricht einem gezielten Tiefensuch-Verfahren.

Im Beispiel (s. Bild 4-36) werden, ausgehend von dem aktuellen Zustandsvektor, die Elementaraktionen *EA1*, *EA2* und *EA3* simuliert. Der von *EA2* erzeugte Zustandsvektor enthält die höchste Anzahl von Elementen, die mit dem zu erreichenden Zustandsvektor übereinstimmen. Daher wird der von EA2 erzeugte Zustandsvektor als Ausgangsvektor für die Wiederholung des Verfahrens auf der nächsten Ebene (Simulation von *EA6*) verwendet. Der Pfad endet mit der Simulation von *EA8*, da hierbei keine Steigerung der Anzahl übereinstimmender Vektorelemente erreicht wird.

Die weitere Suchfolge im Beispiel ist:

    EA1-EA4 (Pfad 2)
    EA1-EA5 (Pfad 3)
    EA3-EA7-EA9-EA10 (Pfad 4).

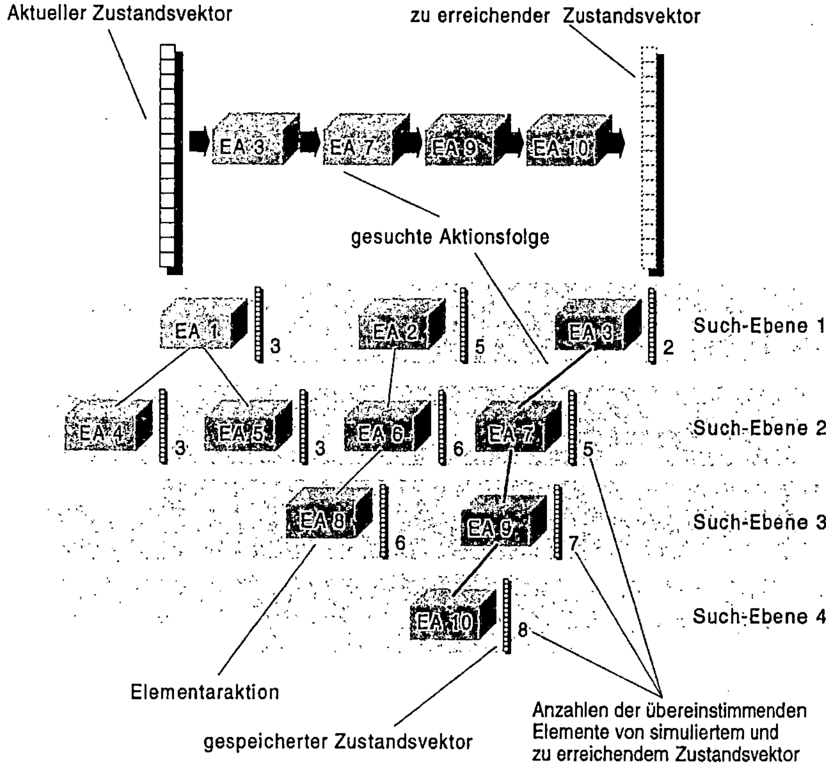

Bild 4-36: Suchverfahren zur Erreichung eines vorgegebenen Maschinenzustandes

Erreichung des Aktionszieles

Ist der ursprüngliche Maschinenzustand auf diese Weise hergestellt, so kann das Ziel der anfangs fehlgeschlagenen Elementaraktion durch deren wiederholte Ausführung bzw. durch die Ausführung einer hierzu redundanten Aktion erreicht werden. Danach ist der Start aller angehaltenen Elementaraktionen sowie die Fortsetzung des unterbrochenen Auftrags möglich.

4.6   Zusammenfassung

In Kapitel 4 wurde die Konzipierung aller Phasen einer rechnerbasierten Fehlerbehandlung beschrieben: Fehlererkennung, Fehlerlokalisierung, Fehlerbehebung und Reentry.

Die Fehlererkennung ist als Prozeßüberwachung ausgeführt, die aus der Erfassung und Verarbeitung binärer und analoger bzw. digitalisierter Sensorsignale besteht. Um der herrschenden Vielfalt einzusetzender Sensoren und Verarbeitungsverfahren gerecht zu werden, wurde ein flexibles Baukastensystem zur Datenverarbeitung entwickelt, mit dem beliebige Algorithmen zur Verarbeitung der Sensorsignale gestaltet werden können, um Informationen über aufgetretene Fehler zu generieren und in dem Ausgangs-Tupelvektor der Fehlererkennung abzulegen.

Diese Informationen reichen meist für eine exakte Eingrenzung des Fehlers nicht aus. Aufgabe der Fehlerlokalisierung ist es daher, weitere Informationen zu gewinnen und eine möglichst genaue Bestimmung des Fehlerortes durchzuführen. Im vorgestellten Konzept kommt hierfür ein Algorithmus zu Einsatz, der an die menschliche Vorgehensweise bei der Fehlersuche angelehnt ist: Die Generierung von Verdachtsmomenten und deren schrittweise Verwerfung bzw. Bestätigung durch testweise durchgeführte Elementaraktionen.

Im Anschluß an eine erfolgreich durchgeführte Fehlerlokalisierung ist die Fehlerbehebung vorgesehen. Dabei versucht die Maschinensteuerung, durch gezielte Maßnahmen den Fehler entweder vollständig zu beheben oder zumindest zu umgehen. Hierfür wird auf Basis des Maschinenmodells eine Liste mit möglichen Maßnahmen zur Fehlerbehebung erstellt und prioritätsgesteuert abgearbeitet.

Fehlerlokalisierung und Fehlerbehebung greifen auf ein Maschinenmodell zurück, dessen Gerüst aus der statischen funktionalen Struktur der Produktionsmaschine besteht. Zusätzlich enthält dieses Modell, dessen wichtigsten Elemente in Bild 4-37 wiedergegeben sind, alle für die Fehlerlokalisierung und -behebung notwendigen Wissenselemente.

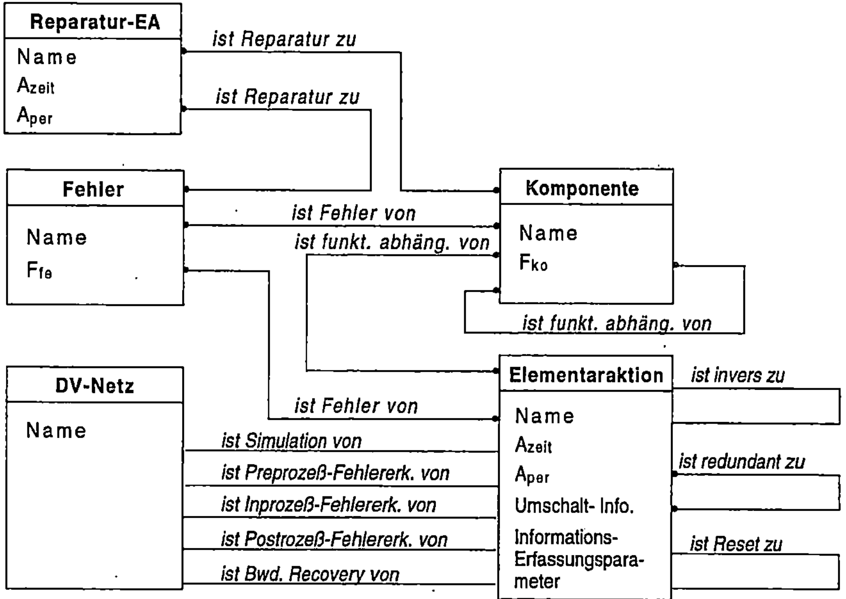

Bild 4-37: Gesamtes Datenschema des Maschinenmodells

Die Schritte zum Wiedereinstieg in den unterbrochenen Betrieb sind unter dem Begriff *"Reentry"* zusammengefaßt. Diese letzte Phase der Fehlerbehandlung stellt die Konsistenz des Zustandsabbildes in der Steuerung her und bringt die Maschine in einen Zustand, der für die Fortsetzung des unterbrochenen Ablaufes geeignet ist.

5   Konzeption der Steuerungsstruktur

5.1   Übersicht

In der vorliegenden Arbeit wurden bisher ausschließlich Konzepte zur Fehlerbehandlung entwickelt. Um den Funktionsumfang der Maschinensteuerung zu vervollständigen, werden daher im folgenden die Funktionen zur Steuerung des fehlerfreien Betriebes konzipiert und auf die bisher erarbeiteten Konzepte abgestimmt. Anschließend erfolgt die Beschreibung einer Steuerungsstruktur, die die hierarchische Anordnung sowie das Zusammenwirken aller Steuerungsfunktionen festlegt.

Eine Besonderheit stellt dabei die Notwendigkeit zur zeitparallelen Ausführung einiger Steuerungsfunktionen dar. In einer Analyse wird geklärt, welche Funktionen hiervon betroffen sind. Anschließend wird die Anzahl erforderlicher Rechnertasks ermittelt und die Aufteilung der Steuerungsfunktionen auf diese Rechnertasks vorgenommen.

5.2   Steuerungsfunktionen

5.2.1   Klassifikation der Steuerungsfunktionen

Die Steuerungsfunktionen lassen sich einerseits nach ihrem Aufgabenbereich den Klassen *Fehlerbehandlung* oder *fehlerfreier Betrieb* zuordnen. Andererseits ist eine Einteilung hinsichtlich der Wirkungsebene in aktionsinterne und aktionsübergreifende Funktionen möglich (Bild 5-1).

Unter den Begriff *aktionsintern* fallen alle Funktionen zur Ausführung und zur Überwachung einzelner Elementaraktionen. Dagegen werden koordinierende Funktionen zur Ablauf- und Verknüpfungssteuerung sowie zur Planung und Ausführung der Fehlerlokalisierung und -behebung sowie des Reentry als *aktionsübergreifend* bezeichnet.

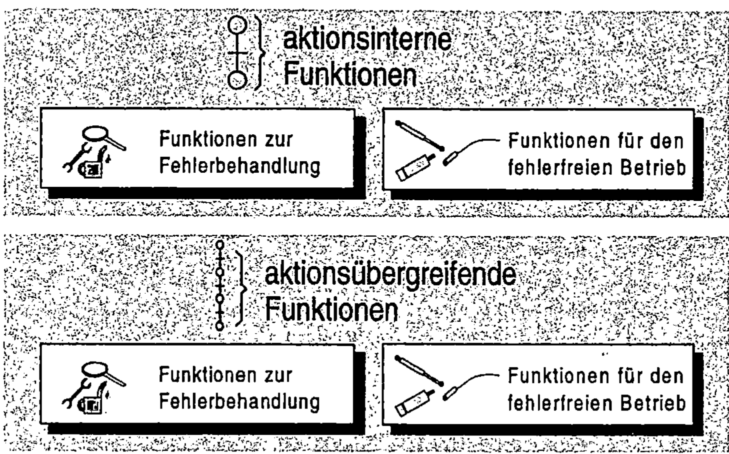

Bild 5-1: Einteilung der Steuerungsfunktionen

5.2.2 Aktionsinterne Funktionen für den fehlerfreien Betrieb

Wie in Kapitel 3.3.2.1 dargelegt, sind von der Maschinensteuerung *schaltende*, *diskrete* und *kontinuierliche* Elementaraktionen auszuführen. Neben diesen Elementaraktionen zur automatischen Steuerung der Prozesse sind Bedieneraktionen zu berücksichtigen, bei denen über eine geeignete Schnittstelle mit dem Bedienpersonal zu kommunizieren ist.

Im folgenden werden die aktionsinternen Steuerungsfunktionen für den fehlerfreien Betrieb konzipiert.

Ausführung schaltender Elementaraktionen

Für die Ausführung schaltender Elementaraktionen ist ein Eingriff der Steuerung nur an zwei Punkten nötig: Zum Starten und zum Stoppen. Beim Start wird im allgemeinen ein binäres Ausgangssignal gesetzt. Ein Aktor beginnt seine Bewegung, bis das Aktionsende, das durch binäre Sensorsignale gemeldet wird, erreicht ist.

Die Erkennung des Aktionsendes erfolgt zeitparallel zur Bewegung des Aktors durch die Überwachung einer oder mehrerer Sensoren. Ist das Ende erreicht, wird das Aktorsignal häufig von der Steuerung zurückgenommen (Bild 5-2).

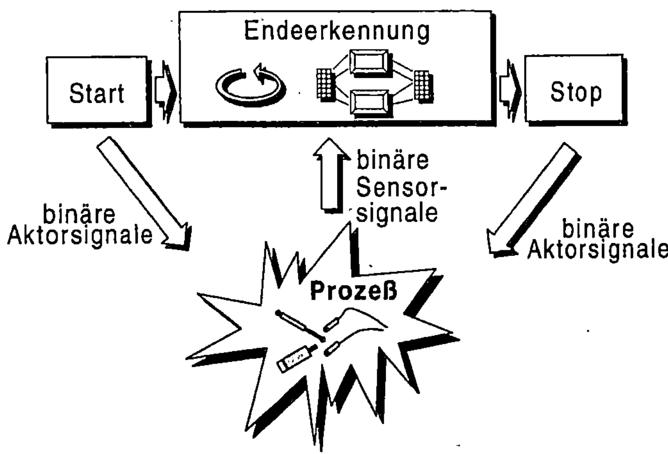

Bild 5-2: Ausführung schaltender Elementaraktionen

Für die Erkennung des Bewegungsendes genügen einfache Boole´sche Verknüpfungen der Sensorsignale. Das Konzept sieht für die Gestaltung dieser Verknüpfungen die Verwendung des universellen Baukastensystems zur Datenverarbeitung vor, das für die prozeßbegleitende Erkennung des Aktionsendes zyklisch aufgerufen wird.

Ausführung diskreter und kontinuierlicher Elementaraktionen

Diskrete und kontinuierliche Elementaraktionen unterscheiden sich von schaltenden Elementaraktionen durch eine meist komplexere, prozeßbegleitende Ermittlung und Manipulation der Aktorsignale während der Ausführung. Diese als *Regelung* bezeichneten Aufgaben werden in Abhängigkeit von aktuellen Sensorsignalen und den zu Beginn der Aktion übergebenen Parametern von einem prozeßparallel arbeitenden Berechnungsalgorithmus zyklisch ausgeführt (Bild 5-3).

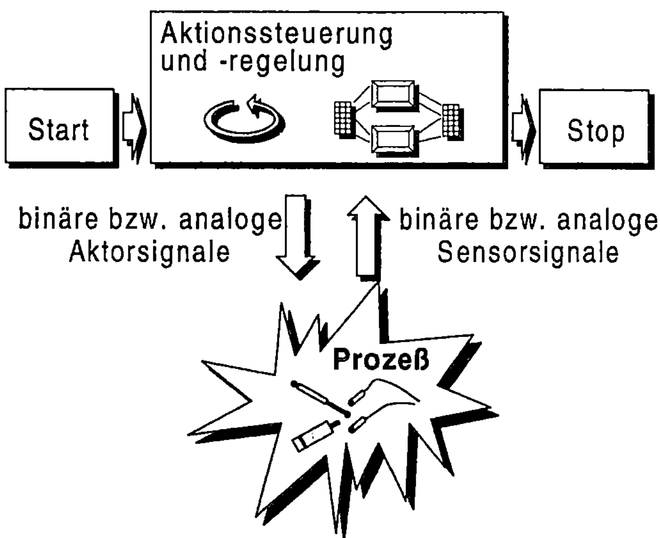

Bild 5-3: Ausführung diskreter und kontinuierlicher Elementaraktionen

Die Berechnungsalgorithmen zur Steuerung und zur Regelung komplexer Elementaraktionen können analoger oder diskreter Art sein. Eine NC-Achsregelung verarbeitet beispielsweise (quasi-) analoge Daten, während beim Verfahren des Werkzeug-Kettenmagazins eines Bearbeitungszentrums diskrete Zustände verwaltet werden. Zur Darstellung und zur Verknüpfung der Berechnungsalgorithmen eignet sich ebenfalls das universelle Baukastensystem zur Datenverarbeitung.

Im Gegensatz zu der einmaligen Aktoransteuerung bei schaltenden Aktionen sind hier die Aktorsignale von der zyklisch ausgeführten *Aktionssteuerung und -regelung* quasi-kontinuierlich auszugeben. Hierfür wird das Baukastensystem nach Bild 5-4 um einen Vektortyp erweitert, dessen Elemente als Schnittstelle zu den Aktoren der Maschine fungieren. Bei jeder Aktualisierung der Vektordaten werden auch die in den Vektorelementen abgelegten Werte an die Aktoren ausgegeben.

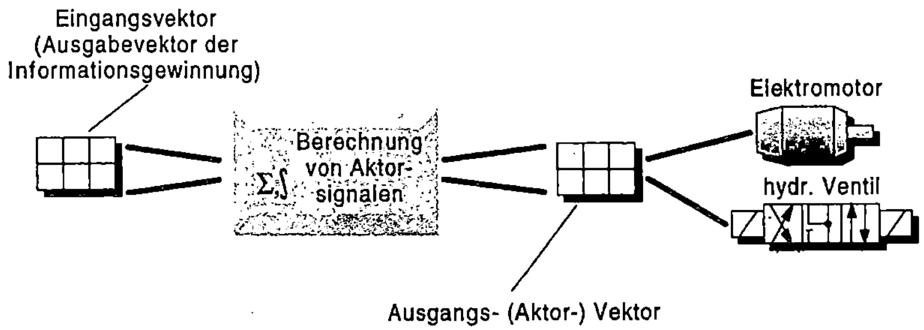

*Bild 5-4: Berechnung und Ausgabe von Aktorsignalen mit dem universellen Bauka-
stensystem zur Datenverarbeitung*

Ausführung von Bedieneraktionen

Bedieneraktionen sind Elementaraktionen, die zum Zwecke der Fehlerlokalisierung
oder der Fehlerbehebung ausgeführt werden. Dabei übernimmt der Anlagenbediener
die Funktion des Aktors bzw. des Sensors.

Anstelle von Aktoren wird die Bedienschnittstelle angesprochen. Über Dialogfenster
sind grafische und textuelle Informationen auszugeben, die der Information bzw. der
Instruktion des Bedieners dienen. Rückmeldungen des Bedieners sind ebenfalls über
diese Schnittstelle zu erfassen.

Bedieneraktionen sind in der Ausführung mit schaltenden Elementaraktionen zu
vergleichen (Bild 5-5). Zu Beginn wird die Information ausgegeben, die den Bediener
zu einer bestimmten Handlung anleitet, bzw. Information abfragt. Im Anschluß werden
die Rückmeldungen des Bedieners interpretiert, bei Fehleingaben auch mehrmals, bis
die Elementaraktion abgeschlossen ist und die Dialogfenster zurückgenommen
werden.

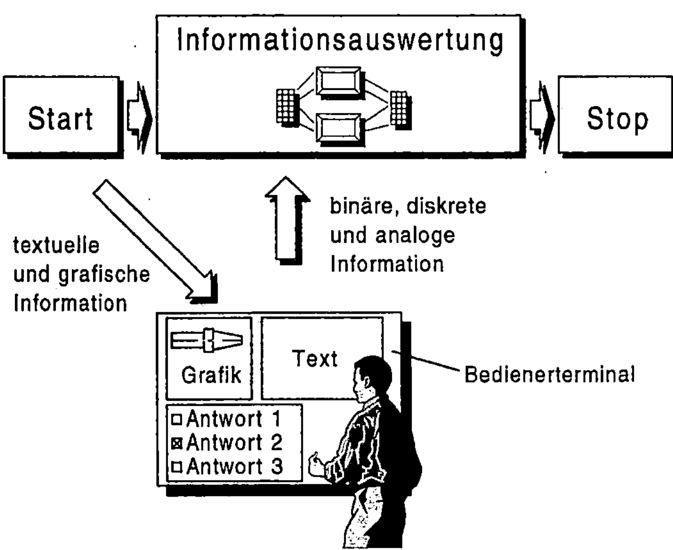

Bild 5-5: Ausführung von Bedieneraktionen

Auch für die Ausführung von Bedieneraktionen eignet sich das universelle Baukasten-system zur Datenverarbeitung, wenn Module für den Bedienerdialog vorgesehen sind, mit denen Eingabe- und Ausgabefenster gesteuert werden. Die Module unterscheiden sich in ihrer Anwendung nicht von den bekannten Modulen zur Datenverarbeitung, da sich die vom Bediener gelieferte Informationen, wie in Kapitel 3.3.3 gezeigt, in analoge, diskrete und binäre Information einteilen lassen und daher in den beschriebenen Tupelvektoren des Baukastensystems abgelegt werden können.

5.2.3 Einsatzzeitpunkte aktionsinterner Steuerungsfunktionen

Die aktionsinternen Funktionen zur Steuerung des fehlerfreien Betriebes und zur Fehlerbehandlung lassen sich zeitlich in den Ablauf einer Elementaraktion (EA) einordnen. Sie unterscheiden sich hinsichtlich ihrer Zeitdauer und ihres Start-Zeitpunktes und können nach Bild 5-6 in *Preprozeß-*, *Inprozeß-* und *Postprozeßfunktionen* eingeteilt werden.

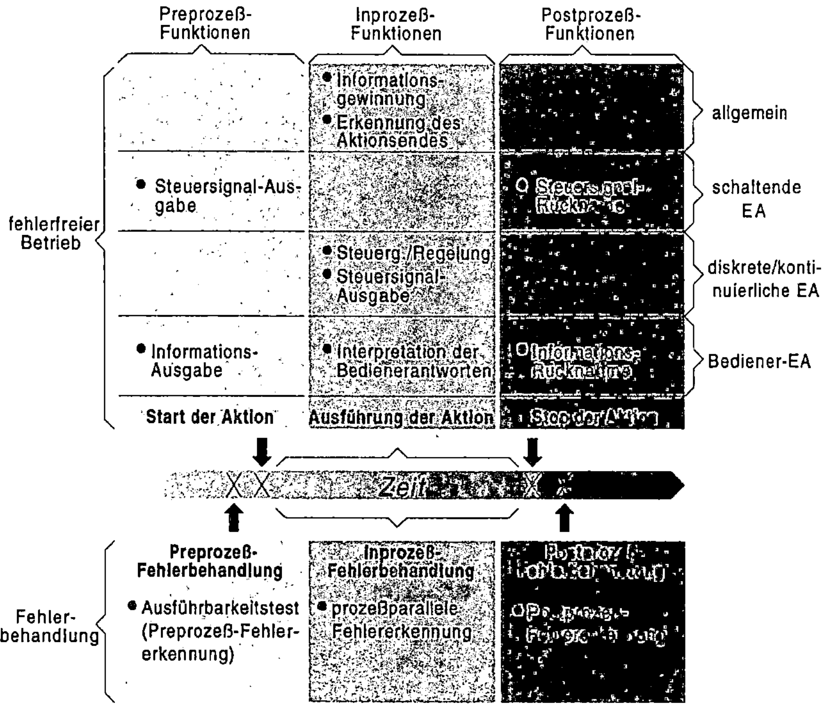

Bild 5-6: Einteilung der aktionsinternen Funktionen nach ihrem Einsatzzeitpunkt innerhalb einer Elementaraktion (EA)

Vor Beginn einer Elementaraktion findet die Preprozeß-Fehlerbehandlung statt, die aus dem in Kapitel 4.3.5.3 beschriebenen Ausführbarkeitstest besteht. Die Funktion "Steuersignal-Ausgabe" leitet anschließend bei schaltenden Elementaraktionen den Start der Bewegung ein. Im Falle einer Bedieneraktion tritt an die Stelle der Steuersignal-Ausgabe die Informations-Ausgabe. Diese Aufgaben werden als *Preprozeß-Funktionen* bezeichnet.

Während der Ausführung der Elementaraktion sind die zyklischen *Inprozeß-Funktionen* zur Informationsgewinnung, zur Erkennung des Aktionsendes und zur prozeßparallelen Fehlererkennung auszuführen. Bei diskreten und kontinuierlichen Elementaraktionen kommen die Aufgaben der Regelung und der Steuersignal-Ausgabe hinzu. Im Falle von Bedieneraktionen tritt an die Stelle dieser Funktionen die Interpretation der Bedienerantworten.

Nach Abschluß des Prozesses fallen in sequentieller Reihenfolge die Steuersignal-Rücknahme zum Stoppen (bei schaltenden Elementaraktionen) bzw. die Informations-Rücknahme (bei Bedieneraktionen) und die Postprozeß-Fehlererkennung an.

5.2.4   Aktionsübergreifende Funktionen

Unter die Kategorie *aktionsübergreifend* fallen zentrale, koordinierende Funktionen. Für den hier betrachteten, fehlerfreien Fall sind dies die Ablaufsteuerung, die Verknüpfungssteuerung sowie Verwaltungsaufgaben.

Ablaufsteuerung

Als Beschreibungsform für Abläufe in Produktionsmaschinen werden vielfach *Petri-Netze* eingesetzt *(Schneider 1992, S. 47)*, da sie sowohl einfache, lineare Abfolgen als auch Nebenläufigkeiten (Parallelitäten) von Elementaraktionen nachbilden können. Petri-Netze sind in vielen Literaturstellen, beispielsweise in *Schnieder & Gückel (1986)*, beschrieben. Daher soll hier nur auf die speziellen Aspekte der Maschinensteuerung eingegangen werden.

Von den Netzklassen, die im Laufe der Zeit entwickelt wurden, werden in Anlehnung an *Pritschow (1993)* und *Schneider (1992)* die Bedingungs-Ereignis-Netze ausgewählt, die ein Spezialfall der Stellen-Transitions-Netze sind. Stellen repräsentieren aktuelle, statische Anlagenzustände vor bzw. nach der Ausführung von Elementaraktionen. Transitionen entsprechen den Elementaraktionen. Im Gegensatz zu den klassischen Petri-Netzen beanspruchen die Transitionen bei der entwickelten Maschinensteuerung eine endliche Zeitdauer (Bild 5-7).

Zu Beginn eines Auftrages werden eine oder mehrere Einsprungstellen markiert, um den Ablauf zu starten. Transitionen schalten immer dann, wenn alle Vorgängerstellen markiert und alle Nachfolgerstellen frei sind. Da das Schalten der Transitionen eine endliche Zeit andauert, werden bei der Aktivierung zunächst alle Vorgänger- und Nachfolgerstellen einer Transition blockiert. Erst wenn das Ende der Elementaraktion erreicht ist, werden die Blockierungen aufgehoben und die Nachfolgestellen markiert.

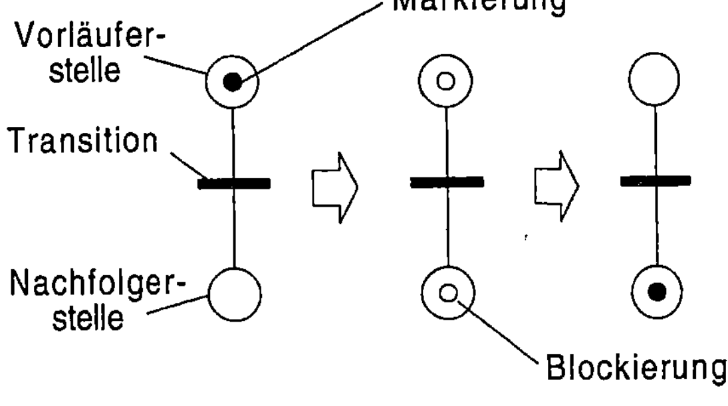

Bild 5-7: Nachbildung der zeitbehafteten Ausführung einer Elementaraktion in drei Schritten durch Petri-Netzelemente

Eine Transition kann beliebig viele Ausgangs- und Folgestellen besitzen und somit beliebig viele Nebenläufigkeiten vereinen bzw. anstoßen (Bild 5-8). Der Auftrag ist dann beendet, wenn alle Endstellen markiert sind.

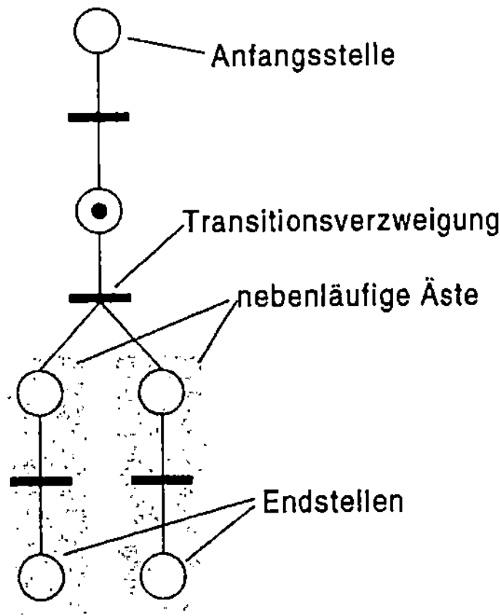

Bild 5-8: Nachbildung eines Auftrags durch Petri-Netzelemente

Synchronisationen zwischen mehreren nebenläufigen Zweigen können durch Transitionen realisiert werden, die gleichzeitig als Transitionsvereinigungen und Transitionsverzweigungen ausgebildet sind und erst schalten können, wenn alle Vorgängerstellen markiert sind und dadurch die Synchronisationsbedingung erfüllt ist (Bild 5-9).

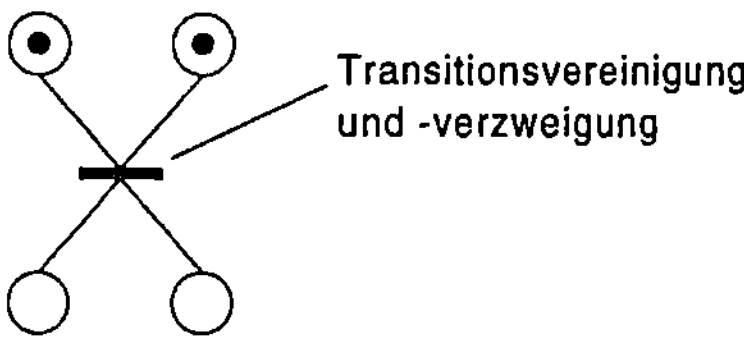

Bild 5-9: Synchronisation mehrerer Elementaraktionen in einem Petri-Netz

Verknüpfungssteuerung

Neben der synchronen Abarbeitung von Elementaraktionen in vorgegebener Reihenfolge sind in Produktionsmaschinen Reaktionen auf asynchrone Ereignisse, wie beispielsweise auf das Drücken einer Bedientaste, vorzusehen. Da bei der Verknüpfungssteuerung eine logische und nicht eine zeitlich-sequentielle Verknüpfung von Ereignissen mit Elementaraktionen erfolgt, ist deren Verhalten nicht vorhersehbar.

Innerhalb des Baukastensystems zur Datenverarbeitung kann diese logische Verknüpfung nach Bild 5-10 dargestellt werden.

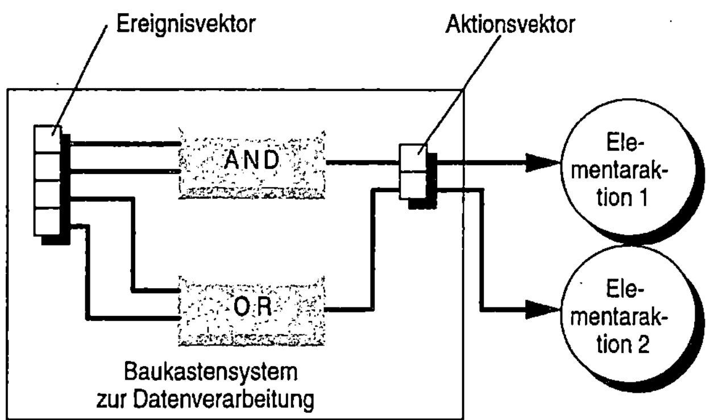

Bild 5-10: Realisierung der Verknüpfungssteuerung durch das Baukastensystem zur Datenverarbeitung innerhalb einer Elementaraktion

Als Eingangsvektoren sind direkt die für die Sensoren vorgesehenen Vektoren verwendbar, da aus der Sicht der Datenerfassung kein Unterschied zwischen einem binären Näherungssensor und einer Bedientaste besteht. Zum Starten von Elementaraktionen wurde das Baukastensystem um einen *Aktionsvektor*, dessen Elemente die Namen von Elementaraktionen enthalten, erweitert. Bei dem Aktionsvektor handelt es sich nicht um einen gewöhnlichen Datenvektor, sondern um eine Schnittstelle zur Maschinensteuerung, über die der Start einzelner Elementaraktionen angestoßen werden kann.

Verwaltungsaufgaben

In vielen Anwendungen der Maschinensteuerung sind Verwaltungsaufgaben für Ressourcen durchzuführen. Beispielsweise ist die Belegung des Werkzeugmagazins eines Bearbeitungszentrums mit Werkzeugen zu koordinieren.

Im Konzept der Maschinensteuerung werden die zu verwaltenden Ressourcen-Daten in den Zustandsvektor aufgenommen. Beispielsweise kann für jeden Werkzeugplatz im Kettenmagazin ein eigenes Vektorelement für die Nummer des aktuell enthaltenen Werkzeuges reserviert werden. Wird das Werkzeug entnommen, so ist der Zustandsvektor entsprechend zu aktualisieren.

Häufig greifen unterschiedliche Elementaraktionen auf ein gemeinsames Ressourcendatum zu (Bild 5-11).

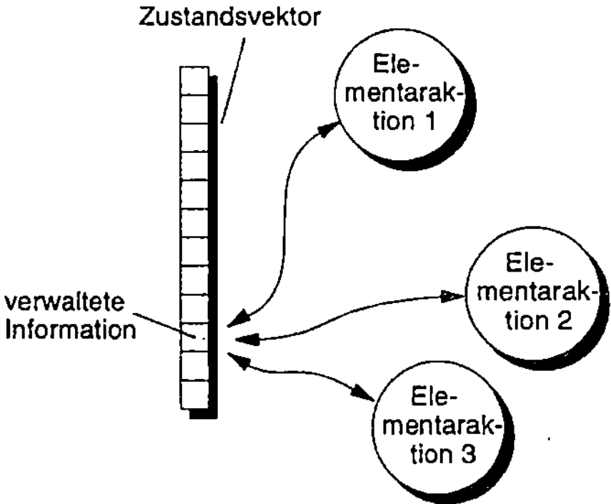

Bild 5-11: Zugriff auf eine Ressourceninformation bei Verwaltungsaufgaben

Beispielsweise kann das Einlegen eines Werkzeuges entweder durch den Bediener erfolgen (Bedieneraktion) oder automatisch durch den Werkzeuggreifer. Daher wird die Aufteilung der Verwaltungsaufgaben auf die jeweiligen Elementaraktionen vorgenommen, was durch einen gemeinsamen Zugriff auf die Ressourcendaten im Zustandsvektor ermöglicht wird.

Zum Ausschluß datentechnischer Kollisionsprobleme ist sicherzustellen, daß der Zugriff mehrerer Verwaltungseinheiten auf eine Ressource niemals gleichzeitig erfolgt.

5.2.5 Nebenläufigkeit von Steuerungsfunktionen

Für eine Rechnerimplementierung der Funktionen ist die Kenntnis der erforderlichen Anzahl an Rechnertasks wichtig. Unter einer Rechnertask, im folgenden kurz *Task* genannt, wird ein betriebssystemnaher Rechnerprozeß verstanden, der einen eigenen Prozessor emuliert. Die auf unterschiedlichen Tasks ablaufenden Programme können zeitlich quasiparallel ausgeführt werden.

Für die Bestimmung der Anzahl erforderlicher Rechnertasks sind alle Steuerungsfunktionen auf die Notwendigkeit zur Nebenläufigkeit zu analysieren. Da jede zusätzliche Task den Kommunikationsaufwand erhöht sowie Rechnerleistung für ihre Verwaltung benötigt, die dann nicht mehr für die anderen Funktionen zur Verfügung steht, ist die Anzahl paralleler Rechnertasks möglichst gering zu halten.

Bei den aktionsinternen Preprozeß- und Postprozeß-Funktionen handelt es sich um singuläre Vorgänge, deren Ausführung je Elementaraktion sequentiell erfolgen kann und die daher insgesamt nur eine einzelne Task benötigen.

Im Gegensatz dazu laufen die aktionsinternen Inprozeß-Funktionen zeitparallel und quasikontinuierlich ab. Da im Rechner die Quasikontinuierlichkeit als zyklische Abarbeitung eines Programmteils realisiert wird, sind Funktionen, die den gleichen Abarbeitungstakt besitzen dürfen, zu einem gemeinsamen Kontrollstrang zusammenfaßbar. Dies ist bei den Funktionen *Erkennung des Aktionsendes*, *Regelung*, *Aktorsignal-Ausgabe* und *prozeßparallele Fehlererkennung* der Fall. Zwischen diesen Inprozeß-Funktionen sowie den Preprozeß-Funktionen und den Postprozeß-Funktionen besteht keine zeitliche Überdeckung. Daher ist hierfür insgesamt eine einzelne Rechnertask ausreichend.

Für die prozeßparallele Erfassung von Sensorinformationen ist dagegen ein getrennter Kontrollstrang in Form einer eigenen Rechnertask vorzusehen, da der Takt der Informationserfassung im allgemeinen vom Takt der restlichen Inprozeß-Funktionen abweicht.

Aufgrund dieser Überlegungen sind für die Ausführung einer einzelnen Elementaraktion, d.h. für alle aktionsinternen Steuerungsfunktionen, insgesamt zwei unabhängige Rechnertasks notwendig (Bild 5-12): Eine Task für die Informationserfassung und eine Task für alle übrigen aktionsinternen Funktionen zur Erzeugung und zur Ausgabe von Informationen.

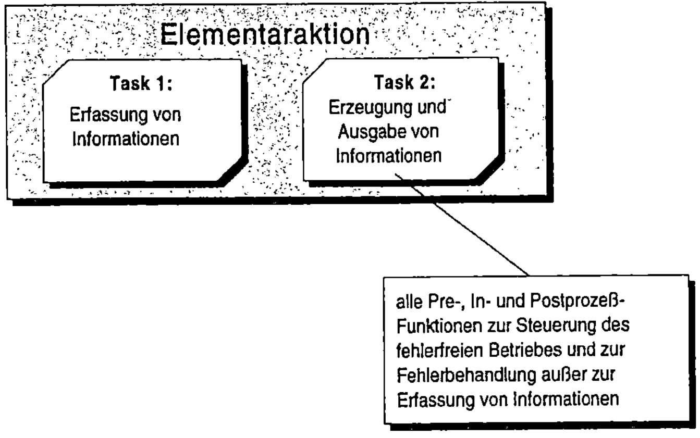

Bild 5-12: Verteilung der aktionsinternen Steuerungsfunktionen auf Rechnertasks

Ähnliche Aufgaben wie bei der Ausführung einzelner Elementaraktionen fallen bei der Verknüpfungssteuerung an. Das zyklische Abfragen von Steuerungseingängen bei der Verknüpfungssteuerung entspricht der Informationserfassung bei der Ausführung einzelner Elementaraktionen. Die zyklisch-iterative Ermittlung von Startanweisungen für Elementaraktionen (Verknüpfungssteuerung) kann wie die Generierung und

Ausgabe von Informationen bei der Ausführung von Elementaraktionen gestaltet werden Bild 5-13.

Aufgrund dieser Ähnlichkeit wird die Verknüpfungssteuerung auf der gleichen, aus zwei Tasks bestehenden Plattform implementiert wie die aktionsinternen Funktionen zur Ausführung einzelner Elementaraktionen. Unterschiede bestehen lediglich darin, daß die Verknüpfungssteuerung eine nichtterminierende, ständig aktive Elementaraktion ist und daß die Ausgabeschnittstelle nicht zur Maschinenaktorik besteht, sondern als Beauftragungsschnittstelle für den Start von Elementaraktionen ausgeführt ist. Zudem beanspruchen die Aufgaben der Verknüpfungssteuerung nur ein Teilspektrum der für Elementaraktionen vorgesehenen Funktionen, da beispielsweise keine Fehlerbehandlung in der Verknüpfungssteuerungs-Task anfällt.

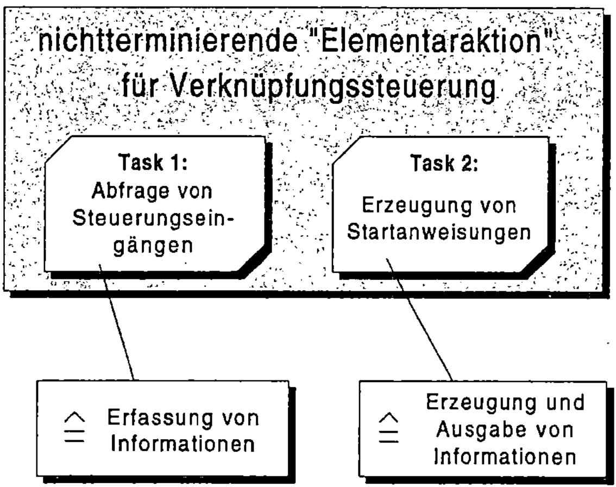

Bild 5-13: Ausführung der Verknüpfungssteuerung als nichtterminierende
Elementaraktion

Die übrigen aktionsübergreifenden Funktionen Ablaufsteuerung, Fehlerlokalisierung, Fehlerbehebung und Reentry finden in einer eigenen Rechnertask statt (Bild 5-14).

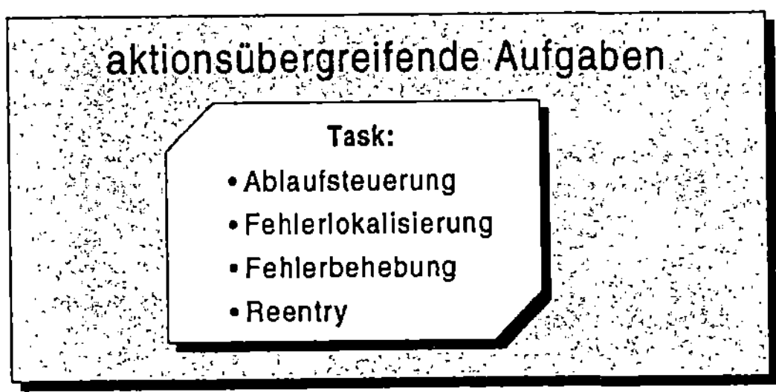

*Bild 5-14: Task für die aktionsübergreifenden Aufgaben Ablaufsteuerung,
Fehlerlokalisierung, Fehlerbehebung und Reentry*

Damit existieren im Konzept der Maschinensteuerung drei Task-Typen: Für die Informationserfassung, für die Erzeugung und Ausgabe von Informationen sowie für die aktionsübergreifenden Aufgaben. Die Verknüpfungssteuerung benötigt aufgrund der dargestellten Ähnlichkeit zu Elementaraktionen keine gesonderten Task-Typen.

5.2.6   Nebenläufigkeit von Elementaraktionen

Voraussetzung für den effizienten Betrieb von Produktionsmaschinen ist die Fähigkeit der Steuerung zur zeitparallelen Ausführung mehrerer Elementaraktionen. Beispielsweise ist in Bearbeitungszentren zur Nebenzeiteinsparung der zeitparallele Wechsel von Werkzeugen und Werkstückpaletten üblich.

Für jede nebenläufige Elementaraktion ist eine Duplizierung der beiden Rechnertasks aktionsinterner Funktionen notwendig (Bild 5-15).

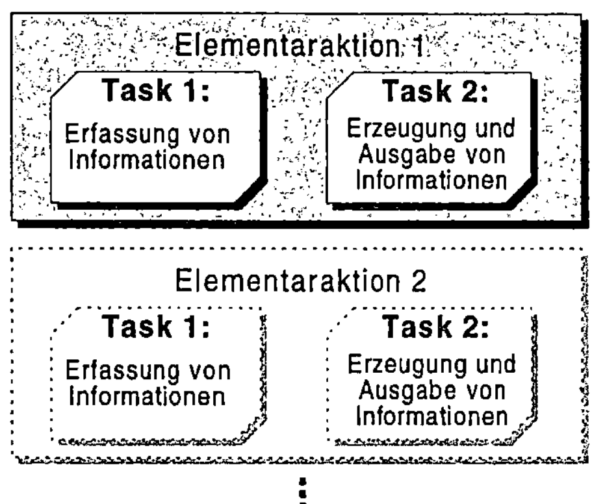

Bild 5-15: Duplizierung der Tasks aktionsinterner Funktionen für nebenläufige Elementaraktionen

5.2.7 Gesamtzahl erforderlicher Rechnertasks

Bild 5-16 zeigt zusammenfassend die Verteilung der Rechnertasks, die von der Maschinensteuerung zeitparallel abzuarbeiten sind.

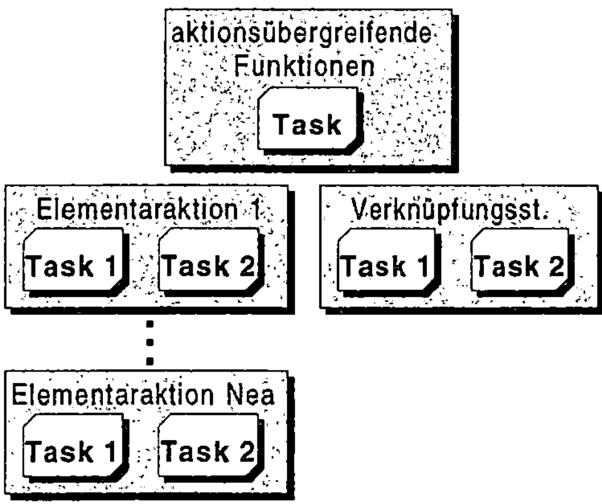

Bild 5-16: Übersicht über alle Tasks der Maschinensteuerung mit integrierter Fehlerbehandlung

Unter Einbeziehung der Task für aktionsübergreifende Aufgaben, des Taskpaares für die Verknüpfungssteuerung sowie des Taskpaares für jede nebenläufige Elementaraktion ergibt sich die notwendige Anzahl zeitparallel ablaufender Rechnertasks N_t aus der Zahl der nebenläufigen Elementaraktionen N_{ea} zu:

$$N_t = 1 + 2 + 2 \cdot N_{ea} \tag{5.1}$$

5.3   Struktur der Maschinensteuerung mit integrierter Fehlerbehandlung

5.3.1   Gesamtstruktur der Steuerung

Entsprechend der vorangegangenen Aufteilung der Funktionen auf Rechnertasks setzt sich die Softwarestruktur nach Bild 5-17 aus einer zentralen Task für aktionsübergreifende Aufgaben und aus Taskpaaren für die Verknüpfungssteuerung bzw. für die Ausführung von Elementaraktionen zusammen.

Wie in Bild 5-17 dargestellt, unterhalten die Tasks verschiedene Kommunikationskanäle zu anderen Tasks, zum Bediener, zum Prozeß und zu einem übergeordneten Zellenrechner. Entsprechend ihrer Aufgaben senden bzw. empfangen die Tasks über diese Kanäle Kommandos (z.B. zum Starten einer Elementaraktion), Meldungen (z.B. "Elementaraktion wurde fehlerfrei beendet") und Daten (z.B. Sensordaten). Um den Verlust von Informationen zu vermeiden, erfolgt der Austausch von Kommandos und Meldungen über Mailboxen, die eingehende Informationen puffern können, bis sie von der Task entnommen werden.

Eine Datenbasis ist vorgesehen, um Wissen und Informationen für globale Zugriffe zu speichern. Sie enthält das Maschinenmodell mit dem gesamten Wissen zur Fehlerbehandlung, die Tupelvektoren mit aktuellen Sensordaten, den Zustandsvektor sowie die Ausgangsvektoren der Fehlererkennungs-Module.

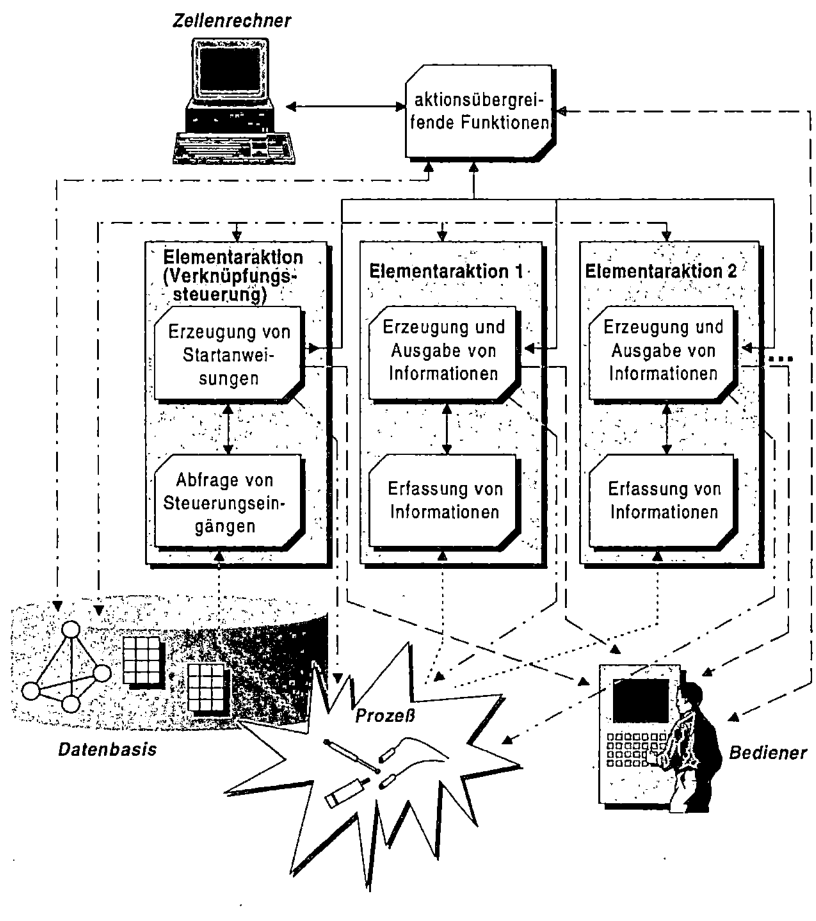

Legende

◄———►	Intertask-Kommunikation, Kommunikation mit Zellenrechner
◄·····►	Prozeßdaten
◄— — — ►	Kommunikation mit Bediener
◄·· — ·►	Steuerdaten
◄· — ·→	Datenaustausch mit Datenbank

Bild 5-17: Tasks und Informationsflüsse der Maschinensteuerung

5.3.2   Interne Struktur der Rechnertasks

In Kapitel 5.2.5 wurde gezeigt, daß in der Maschinensteuerung drei Task-Typen vorzusehen sind. Für alle Typen gilt die in Bild 5-18 dargestellte gemeinsame Grobstruktur, die aus einer Abfrage der taskeigenen Mailbox und aus den beiden Aufgabenblöcken "Information umsetzen" und "zyklische Aufgaben ausführen" besteht.

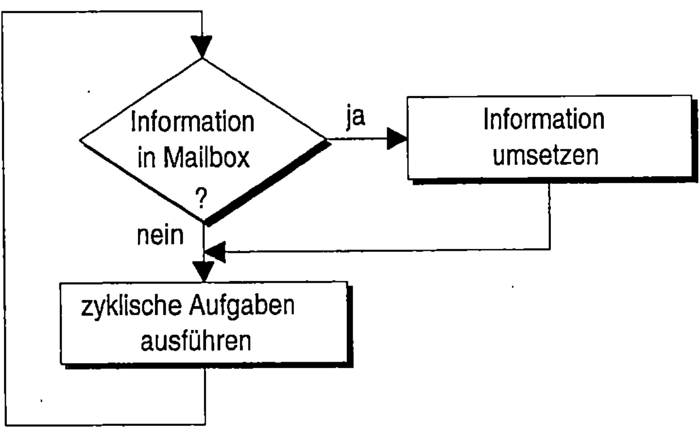

Bild 5-18: Gemeinsame Funktionsstruktur der zyklischen Rechnertasks

Im Aufgabenblock zur Umsetzung der in der Mailbox enthaltenen Information werden alle Operationen ausgeführt, die einmalig bei Eingang eines Kommandos oder einer Meldung anfallen. Hierzu zählen die Belegung von Flags zur Steuerung der zyklischen Aufgaben, Initialisierungsaufgaben sowie die Ausgabe von Kommandos an weitere Tasks (Bild 5-19).

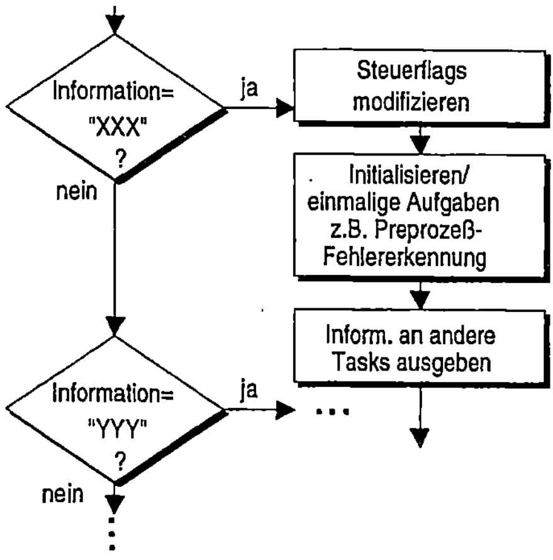

Bild 5-19: Prinzipielle Funktionsstruktur des taskinternen Aufgabenblocks "Information umsetzen"

Die Ausführung der zyklischen Aufgaben, wie beispielsweise des Aufrufs eines Datenverarbeitungs-Netzes zur Inprozeß-Fehlererkennung, ist im wesentlichen von der Belegung der taskinternen Steuerflags abhängig. Die allgemeine Funktionsstruktur des Aufgabenblocks zur Ausführung zyklischer Aufgaben ist in Bild 5-20 dargestellt.

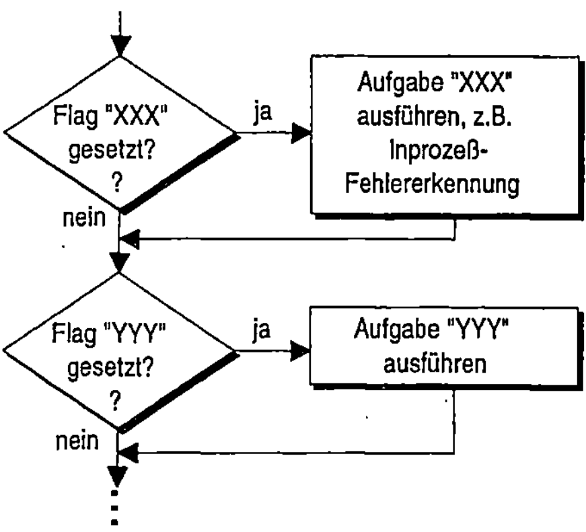

Bild 5-20: Prinzipielle Funktionsstruktur des taskinternen Aufgabenblocks "Zyklische Aufgaben ausführen"

In die beschriebenen Funktionsstrukturen sind die taskspezifischen Funktionen zur Fehlerbehandlung und zur Steuerung des fehlerfreien Betriebes eingebettet, deren Konzeption in den vorangegangenen Kapiteln durchgeführt wurde. Im folgenden werden beispielhaft die wesentlichen Integrations-Aspekte der taskspezifischen Funktionen in die einzelnen Task-Typen beschrieben.

Task-Typ 1: Erfassung von Informationen

In Bild 5-21 sind die zyklischen Funktionen der aktionsinternen Task zur Erfassung von Informationen gezeigt. Diese Task liest Sensordaten zyklisch ein und schreibt sie in den vorgesehenen Tupelvektor, der sich in der Datenbasis befindet. Das Einlesen und Abspeichern der Sensordaten erfolgt entsprechend den Erfassungs-Parametern, die für die jeweilige Elementaraktion programmiert wurden und die in dem Maschinenmodell abgelegt sind.

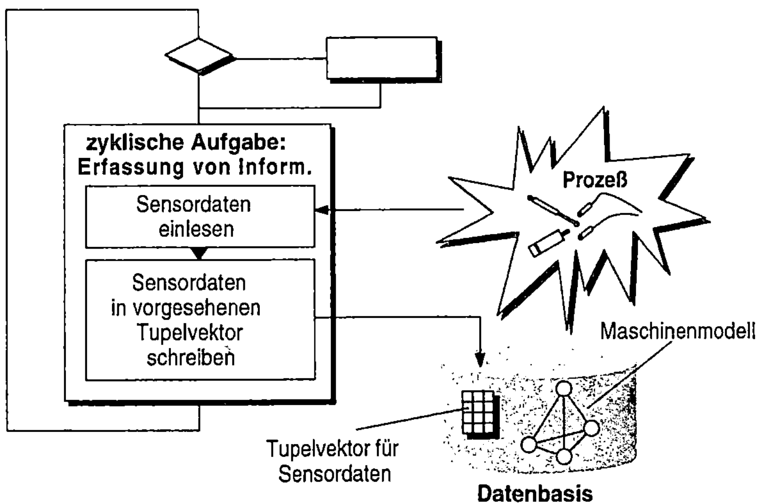

Bild 5-21: Zyklische Aufgaben der Task zum Erfassen von Informationen

Tasktyp 2: Erzeugung und Ausgabe von Informationen

Die Erzeugung und Ausgabe von Informationen durch Netze zur Datenverarbeitung fällt bei nahezu allen aktionsinternen Funktionen der Maschinensteuerung an. Die einzige Ausnahme bildet die Erfassung von Informationen.

Am Beispiel der Inprozeß-Fehlererkennung wird in Bild 5-22 die Integration des Netzes zur Datenverarbeitung in die Task gezeigt. Das dargestellte Funktionsmodul zur Inprozeß-Fehlererkennung hat die Aufgabe, bei jedem Zyklus zuerst den Sensordaten-Vektor einzulesen und anschließend einen Berechnungslauf des Netzes zur Datenverarbeitung zu initiieren. Die im Ausgangsvektor des Netzes abgelegten Informationen werden nach dem Berechnungslauf in den Ausgangsvektor der Fehlererkennung geschrieben.

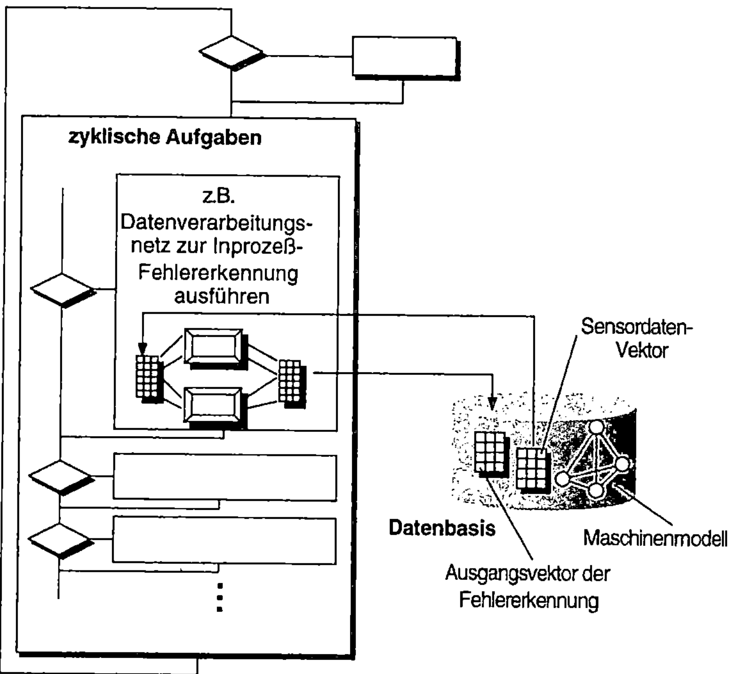

Bild 5-22: Task zur Erzeugung und Ausgabe von Information

Tasktyp 3: Aktionsübergreifende Aufgaben

Die Task für aktionsübergreifende Aufgaben ist die hierarchisch höchste Instanz der Maschinensteuerung mit integrierter Fehlerbehandlung. Ihre Funktionen Ablaufsteuerung, Fehlerlokalisierung, Fehlerbehebung und Reentry werden zyklisch aufgerufen (Bild 5-23). In den Zyklus ist die Abfrage der taskeigenen Mailbox eingebunden, um eine schnelle Reaktion auf eingehende Informationen zu ermöglichen.

Die Funktionen der Task greifen auf verschiedene Elemente der Datenbasis zu, um Informationen zu übertragen und um Wissen abzufragen bzw. zu modifizieren. Darüberhinaus besteht für alle Funktionen dieser Task die Möglichkeit, die Ausführung einzelner Elementaraktionen zu beauftragen.

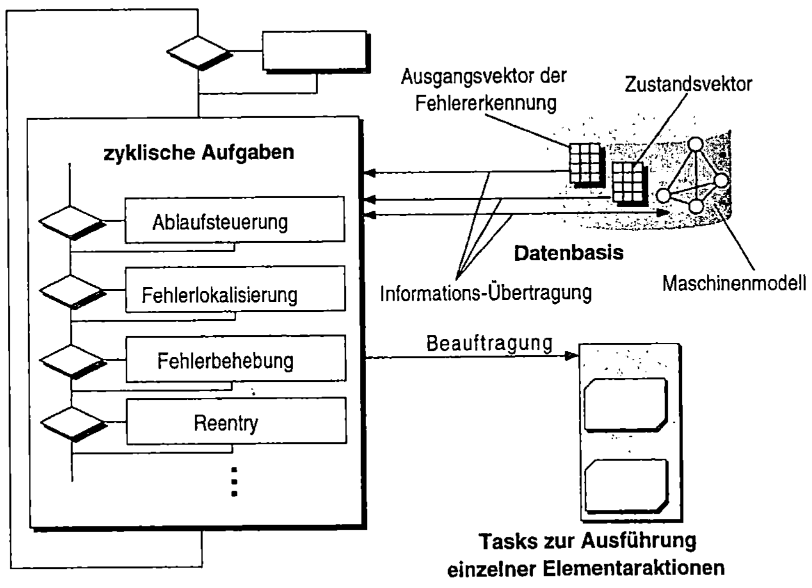

Bild 5-23: Task für aktionsübergreifende Aufgaben

5.4   Zusammenfassung

Das beschriebene Steuerungskonzept legt die hierarchische Anordnung und das Zusammenwirken aller Funktionen fest, die von der Maschinensteuerung zur Fehlerbehandlung und im fehlerfreien Betrieb auszuführen sind. Ein besonderer Aspekt ergibt sich dabei aus der Notwendigkeit, einige Funktionen zeitparallel abzuarbeiten.

Hierfür wurden die Steuerungsfunktionen auf mehrere Rechnertasks aufgeteilt. Dabei wurden für jede nebenläufig abzuarbeitende Elementaraktion zwei getrennte Rechnertasks vorgesehen, auf denen aktionsinterne Aufgaben ausgeführt werden. Als Plattform für aktionsübergreifende Funktionen dient eine weitere Task.

Die Verknüpfungssteuerung, die zu den aktionsübergreifenden Funktionen zählt, nimmt hierbei eine Sonderstellung ein. Sie wird nicht in der Task für aktionsübergreifende Aufgaben geführt, sondern in Form einer speziellen, permanent aktiven Elementaraktion realisiert.

Mit der entwickelten Steuerungsstruktur wurde durch die intensive Integration von Aspekten der Fehlerbehandlung und des fehlerfreien Betriebes die Voraussetzung für einen reaktionsschnellen, einfachen Zugriff auf diagnoserelevante Informationen und auf Steuersignale zur direkten Prozeßbeeinflussung geschaffen. Dadurch ist es stärker als in bisherigen Ansätzen möglich, bei der Fehlerbehandlung in das Prozeßgeschehen einzugreifen und somit alle Phasen der Fehlerbehandlung, von der Fehlererkennung bis hin zum Wiedereinstieg in den unterbrochenen Betrieb (Reentry), auszuführen.

6   Prototypische Realisierung und beispielhafter Einsatz

6.1   Übersicht

Um die Funktionsweise der erarbeiteten Konzepte zu validieren, wurde die Steuerungsstruktur unter der Bezeichnung "fault treating intelligent machine control, FATIMA" prototypisch umgesetzt, in eine Einsatzumgebung integriert und anhand eines Beispielszenarios getestet.

Im folgenden wird zunächst eine Auswahl grundlegender, käuflicher Hard- und Software für das Betriebssystem und die Bedienoberfläche getroffen. Anschließend wird der an diese Bestandteile angepaßte Aufbau des Prototyps sowie dessen Integration in eine Einsatzumgebung beschrieben.

Für den Nachweis der Funktionsfähigkeit wird ein Beispielablauf festgelegt, der aus einer Sequenz mehrerer Elementaraktionen besteht. Exemplarisch erfolgt anhand einer ausgewählten Elementaraktion die Konfiguration des Baukastensystems zur Datenverarbeitung für die Pre-, In- und Postprozeß-Fehlererkennung. Zudem wird ein Ausschnitt aus einem Maschinenmodell beschrieben, das Wissen für die modellbasierte Fehlerlokalisierung enthält.

Abschließend erfolgt die testweise Einbringung eines Fehlers und eine Demonstration, wie die entwickelte Maschinensteuerung auf diesen Fehler reagiert.

6.2   Auswahl von Soft- und Hardwarebestandteilen

Rechner

Die Leistungsfähigkeit IBM-kompatibler Personalcomputer (PC) hat durch die rasante Entwicklung der Mikrocomputer-Technik stark zugenommen. Heute können auch rechenintensive Aufgaben, wie z.B. die Steuerung von NC-Achsen, auf diesen Rechnern implementiert werden. Da für diesen universell einsetzbaren Rechnertyp eine breite Auswahl an kostengünstiger Hard- und Software erhältlich ist, wurde er für die

Realisierung der Maschinensteuerung ausgewählt. Zur Verfügung stand ein Standard-PC mit 16 MB Hauptspeicher und einem INTEL-Prozessor der 80486er Reihe.

Software

Neben der zu entwickelnden Software für die Maschinensteuerung sind als zusätzliche Softwarebestandteile ein *Betriebssystem* und eine *Bedienoberfläche* erforderlich.

An das Betriebssystem werden zwei spezifische Anforderungen gestellt: Es muß wegen der parallel abzuarbeitenden Tasks multitaskingfähig sein und aufgrund der geforderten Äquidistanz der Sensordaten-Erfassungszeitpunkte Echtzeitfähigkeit besitzen. Als Betriebssystem wird *MS-DOS* verwendet, das durch einen aufgesetzten *Realtime-Kernel (OnTime 1994)* Echtzeit- und Multitasking-Fähigkeit erhält.

Die Bedienoberfläche muß in erster Linie ergonomischen Anforderungen genügen. Hier hat sich in letzter Zeit der *Windows*-Standard durchgesetzt. Als im PC-Bereich weit verbreitetes Oberflächensystem wird das von der Fa. Microsoft entwickelte *MS-Windows* ausgewählt, da eine Verträglichkeit zum Realtime-Kernel besteht. *MS-Windows* wird vom Realtime-Kernel als eigene Task behandelt, die mit den anderen Tasks über Software-Interrupt kommunizieren kann. Zudem ist *MS-Windows* ebenfalls multitaskingfähig *(Bär & Bauder 1992)*.

Die Programmentwicklung für den Steuerungsrechner wird in der Programmiersprache C++ durchgeführt, da sich diese Hochsprache aufgrund der Objektorientierung sehr gut zur Implementierung des Anlagenmodells und des beschriebenen Baukastensystems zur Datenverarbeitung eignet.

Verteilung der Rechnertasks

Aufgrund des geringen Entwicklungskomforts in Verbindung mit dem Realtime-Kernel werden nur Prozeß-Schnittstellenfunktionen und Funktionen, die Echtzeiteigenschaften verlangen, auf die Ebene des Realtime-Kernels (MS-DOS) gelegt. Dies sind die Rechnertasks für die Gewinnung von Sensor-Informationen.

Die restlichen Tasks für aktionsübergreifende Funktionen sowie die Tasks zur Ausführung der übrigen aktionsinternen Aufgaben werden unter *MS-Windows* realisiert (Bild 6-1).

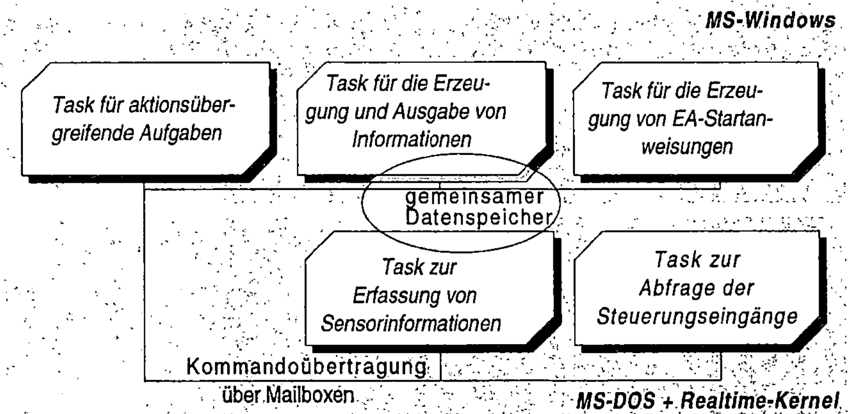

Bild 6-1: Verteilung der Rechnertasks im Prototyp

Kommunikation

Die Übertragung von Kommandos zwischen den einzelnen Tasks erfolgt in Form von Textstrings über Mailboxen. Für die Sensordaten-Übermittlung wird dagegen aufgrund der hohen Geschwindigkeitsanforderungen ein gemeinsamer Datenbereich des Hauptspeichers für MS-Windows und MS-DOS verwendet.

6.3   Einsatzumgebung

Als Testumgebung für die entwickelte Maschinensteuerung steht ein Bearbeitungszentrum vom Typ Deckel DC30 zur Verfügung (Bild 6-2). Die Steuerung dieses Bearbeitungszentrums wird, wie bei diesen Maschinen üblich, von den beiden Steuerungen CNC und PLC übernommen *(Deckel 1984)*. Zu Testzwecken wird anstelle der PLC nun der Prototyp der entwickelten Maschinensteuerung eingesetzt und ein Teil des Werkzeugwechselvorganges programmiert.

Bild 6-2: Bearbeitungszentrum Deckel DC30

Für die informationstechnische Verbindung der Maschinensteuerung mit den Sensoren und Aktoren des Bearbeitungszentrums wurde ein CAN-Feldbussystem aufgebaut. Dieses System erfüllt die Anforderungen bezüglich der Anzahl zu bedienender Sensoren und Aktoren im Bearbeitungszentrum sowie bezüglich der Übertragungsgeschwindigkeit von Informationen. Aufgrund dieser Eigenschaften wird der CAN-Bus heute bereits vereinzelt im Werkzeugmaschinenbau eingesetzt *(z.B. Heller 1992)*. Zudem ist die Ankopplung analoger Sensoren vorgesehen, was für die Fehlerbehandlung von entscheidender Bedeutung ist.

Eine nähere Beschreibung der Soft- und Hardwaremodule des eingesetzten Bussystems findet sich in *Phytec (1994)*.

6.4   Einsatzbeispiel

6.4.1   Steuerungsaufgabe

Zum Nachweis der Funktionsfähigkeit wird aus Gründen der Übersichtlichkeit nicht die gesamte PLC-Funktionalität nachgebildet, sondern lediglich ein Ausschnitt: Das Einwechseln eines Werkzeuges in die Maschinenspindel (Bild 6-3).

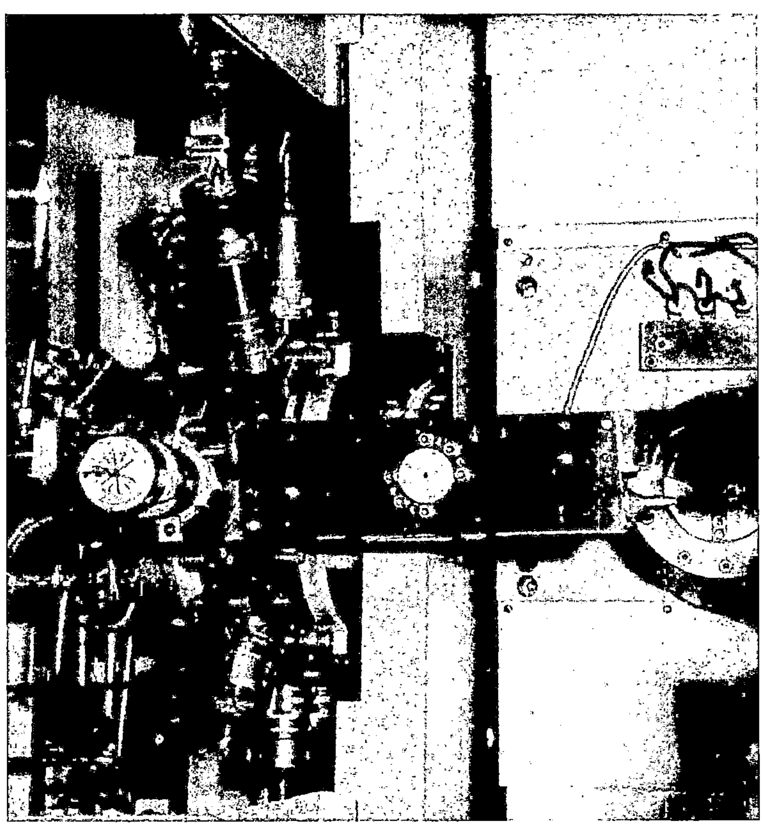

Bild 6-3: Werkzeuggreifer des Bearbeitungszentrums in einer um 90°eingeschwenkten Stellung

Anhand dieses Beispiels werden zunächst die wichtigsten Schritte zur Programmierung des fehlerfreien Ablaufes sowie zur Konfiguration der aktionsinternen Fehlererkennung erläutert. Mittels eines testweise eingebrachten Fehlers wird anschließend die Arbeitsweise der entwickelten Maschinensteuerung demonstriert.

Die Ablaufvorschrift für das Wechseln eines Werkzeuges zwischen der Maschinenspindel und dem Kettenmagazin ist in Bild 6-4 in Form eines einläufigen Petri-Netzes dargestellt.

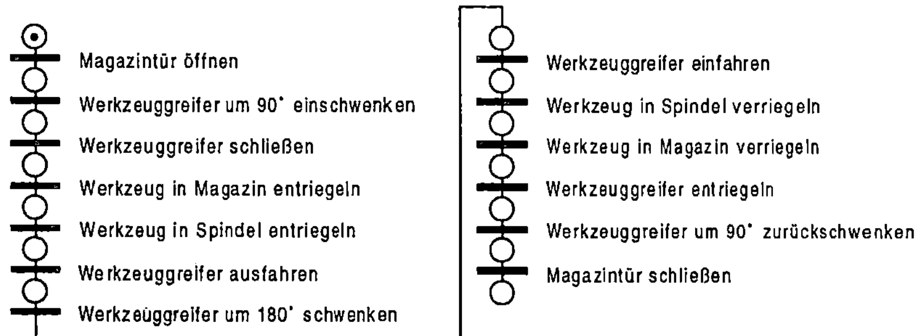

Bild 6-4: Ablauf des Einwechselvorgangs eines Werkzeugs in die Maschinenspindel

Am Beispiel der Elementaraktion "Magazintür öffnen" (*mtauf*) wird im folgenden die Gestaltung der Daten-Verarbeitungsnetze zur Fehlererkennung erläutert.

6.4.2 Gestaltung der Fehlererkennung

6.4.2.1 Preprozeß-Informationsverarbeitung

Aufgabe der Preprozeß-Datenverarbeitung ist die Erkennung unerlaubter, mit der Gefahr von Kollisionen verbundener Zustände. Im Falle der Elementaraktion *mtauf* ist zu überprüfen, ob sich der Werkzeuggreifer in der Referenzstellung befindet. Diese Referenzstellung wird durch einen Endlagesensor überwacht, dessen Signal im folgenden mit *EsWzg90ein* bezeichnet wird.

Die Überprüfung der Ausführbarkeit kann daher mit der einfachen, in Bild 6-5 dargestellten Konfiguration zur Datenverarbeitung stattfinden, die den aktuellen Wert des
Endlagesensors *EsWzg90ein* direkt in den einelementigen Ausgabevektor *execheck*
überträgt. Eine Ausführbarkeit wird somit dann angezeigt, wenn der Wert von
EsWzg90ein bei *1.0* liegt.

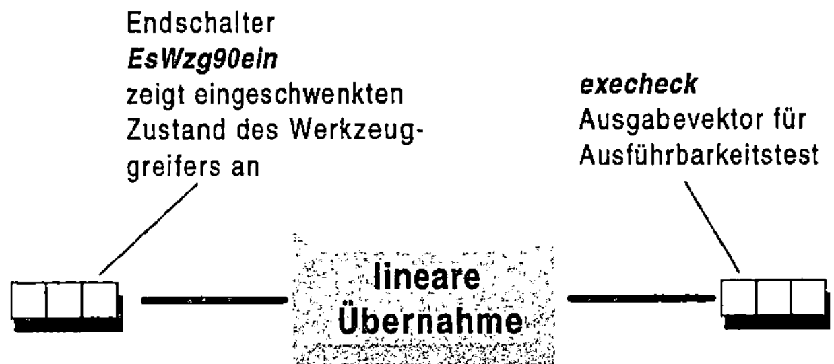

Bild 6-5:   Preprozeß-Datenverarbeitung der Elementaraktion "Magazintür öffnen"

6.4.2.2   Inprozeß-Informationsverarbeitung

Die beiden binären Endschaltersignale *EsMagTuerAuf* (zeigt den geöffneten Zustand
der Magazintüre an) und *EsMagTuerZu* (zeigt den geschlossenen Zustand der
Magazintüre an) melden die jeweiligen Endlagen der Magazintür. Ein korrektes Ende
der Türöffnung ist dann gegeben, wenn die Signale von *EsMagTuerAuf* den Wert *1.0*
und von *EsMagTuerZu* den Wert *0.0* aufweisen.

Für die aktionsinterne Überwachung wird daher das Sensorsignal von *EsMagTuerZu*
invertiert und zusammen mit *EsMagTuerAuf* einer logischen *AND*-Verknüpfung zuge-
führt, deren Ausgang die bei Bewegungsende erwartete Signalbelegung anzeigt (Bild
6-6). Dieses *AND*-Glied ist im Bild mit der Nr. *1* versehen.

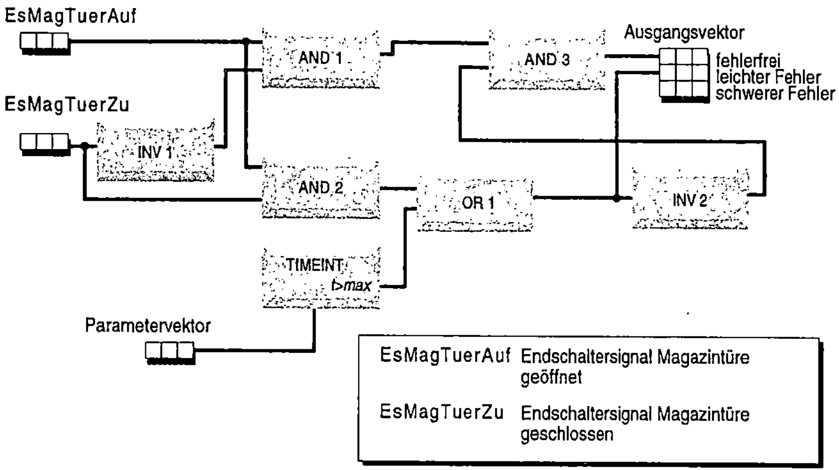

Bild 6-6   Inprozeß-Datenverarbeitung der Elementaraktion "Magazintüre öffnen"

Für die Fehlererkennung wird überprüft, ob die beiden Endschaltersignale antivalent sind oder beide den Wert *0.0* aufweisen (*AND*-Glied Nr. *2*). Trifft keine dieser beiden Bedingungen zu, wird das Tupel *leichter Fehler* des Ausgangsvektors mit dem Wert *1.0* belegt. Die gleiche Belegung erfolgt, wenn das Zeitelement *TIMEINT*, dessen Zeitnahme mit dem Start der Elementaraktion beginnt, eine Überschreitung der Aktionszeit meldet. Der dem Zeitglied zugeordnete Parametervektor definiert die statische obere Grenze des "erlaubten" Zeitfensters.

Aufgrund der Verschaltung des *AND*-Gliedes Nr. *3* wird das Tupel *fehlerfrei* nur dann mit *1.0* belegt, wenn kein *leichter Fehler* erkannt wurde und die erwartete Endschalter-Signalbelegung (angezeigt am Ausgang des *AND-1*-Gliedes) aufgetreten ist. Da die Fehlfunktion der Türe keine sicherheitskritischen Auswirkungen zeigt, wird das Tupel *schwerer Fehler* des Ergebnisvektors nicht manipuliert.

Die beschriebene Konfiguration des Netzes zur Datenverarbeitung bewirkt, daß das *fehlerfrei*-Element zu Beginn und während der Bewegung den Wert *0.0* besitzt. Erst nach einem korrekten Abschluß der Bewegung wird der Wert auf *1.0* gesetzt.

6.4.2.3   Postprozeß-Informationsverarbeitung

Auswahl eines Analogsensors

Die vorhandenen binären Sensoren der Maschine werden beispielhaft um einen weiteren analogen Sensor ergänzt, aus dessen Signal möglichst viele Informationen über den Werkzeugwechselvorgang extrahiert werden können.

Die Wahl fällt auf einen Radarsensor, der berührungslos nach dem Dopplerprinzip arbeitet. Die ausgesendete elektromagnetische Welle trifft auf verschiedene Komponenten des Bearbeitungszentrums. Je nach geometrischer Beschaffenheit wird die Welle von den Komponenten reflektiert und vom Sensor empfangen. Durch Überlagerung des ausgesendeten mit dem empfangenen Signal entsteht ein Schwebungssignal, dessen Amplitude von der Geometrie der Komponente und von deren Abstand zum Sensor abhängt. Die Frequenz des Schwebungssignals wird durch die Geschwindigkeit bestimmt, mit der der reflektierende Körper seinen Abstand zum Sensor ändert.

Dieser Sensor eignet sich für den Einsatz im Werkzeugwechsler, da er sowohl die Bewegung des Werkzeuggreifers und der Magazintür als auch das Verfahren des Kettenmagazins erkennen kann. Der Zusatzaufwand, der mit dem Einsatz dieses Sensors verbunden ist, relativiert sich daher durch die Nutzbarkeit zur Überwachung mehrerer Elementaraktionen.

Weitere Komponenten, wie Verriegelungselemente an Greifer, Spindel und Magazin, können wegen ihrer geringen Reflexionsflächen allerdings nicht beobachtet werden. Da der Radarsensor im Ruhezustand kein Signal liefert, kann er nur die Bewegung, nicht aber die Endlagen überwachen.

Gestaltung der Sensordaten-Verarbeitung

Die Postprozeß-Fehlererkennung des gewählten Beispiels besteht aus der Erfassung und der Analyse des analogen Radarsensor-Signals. Da die Postprozeß-Fehlererkennung je Elementaraktion singulär ausgeführt wird, dürfen die hierfür notwendigen Mechanismen zur Datenverarbeitung deutlich rechenzeitintensiver ausfallen als die Mechanismen der dargestellten Inprozeß-Überwachung.

Die Abtastrate für die Sensordaten-Erfassung richtet sich nach den maximal interessierenden Frequenzen, die während der Aktion auftreten, bzw. nach dem maximalen Frequenzspektrum des Sensors.

Die durch den Doppler-Effekt hervorgerufene Frequenz des Schwebungssignals f_{schweb} berechnet sich nach *Schallreuther (1968, S. 330)* zu

$$f_{schweb} = f \cdot \frac{v}{c}$$

(6.1)

wobei f die Frequenz des ausgesendeten Signals ist. v ist die Geschwindigkeit, mit der das reflektierende Objekt seinen Abstand zum Sensor ändert. c ist die Ausbreitungsgeschwindigkeit der elektromagnetischen Welle im Raum (Lichtgeschwindigkeit).

Die Frequenz der vom Sensor ausgesendeten elektromagnetischen Welle beträgt *5.8 GHz*. Als Schätzwert für die maximal auftretende Geschwindigkeit der Magazintüre wird ein Wert von *1 m/s* angenommen. Dies entspricht einer Frequenz von *19.3 Hz* im Sensor-Ausgangssignal.

Nach dem Abtasttheorem ist für die Erfassungsfrequenz mindestens der doppelte Wert, also *38.6 Hz*, zu wählen. Im Beispiel wird eine Abtastfrequenz von *50 Hz* verwendet. Den qualitativen Verlauf des Sensorsignals, das bei einer Türbewegung aufgezeichnet wurde, zeigt Bild 6-7.

Für das Ablegen der Sensordaten wird ein Ringpuffer definiert, dessen Länge sich aus der Abtastrate und der maximal möglichen Zeitdauer der fehlerfreien Elementaraktion berechnet. Aus einer Messung wird die Zeitdauer für die Türbewegung von *3.1* Sekunden ermittelt. Daraus ergibt sich die Puffergröße zu mindestens

$$3.1\,s \cdot 50\,Hz = 155$$

Elementen. Um den gesamten Bewegungsverlauf auch bei Unregelmäßigkeiten erfassen zu können, wird die Pufferlänge unter Berücksichtigung eines ca. *15%*igen Sicherheitszuschlages auf *180* Elemente festgelegt.

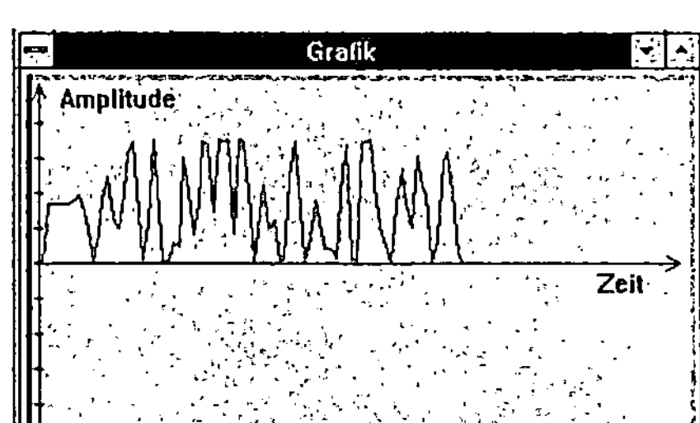

Bild 6-7: Qualitativer Verlauf des aufgezeichneten Radarsignals beim fehlerfreien Öffnen der Magazintür

Da sich die Information bei dem Dopplersignal in erster Linie in den Frequenzanteilen verbirgt, erfolgt eine Analyse im Frequenzbereich (Bild 6-8). Hierfür werden die ersten *128* Werte des Sensordaten-Vektors einer Fast-Fourier-Transformation (FFT) unterzogen.

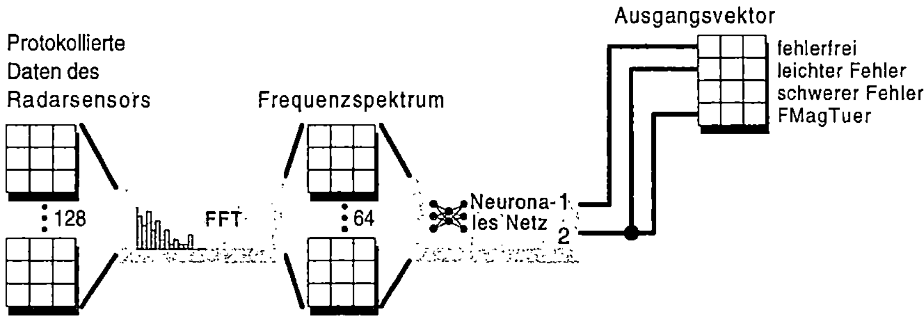

Bild 6-8: Postprozeß-Datenverarbeitung der Elementaraktion "Magazintüre öffnen"

Für die Klassifikation des FFT-Ausgabevektors wird aufgrund der leichten Handhabbarkeit und der Fähigkeit zur Klassifikation umfangreicher, verrauschter Daten ein Neuronales Netz verwendet. Aufgrund der breiten Einsetzbarkeit fällt die Wahl auf den Typ *Perceptron-Netz*, dem ein Backpropagation-Lernalgorithmus zugrundeliegt *(Zell 1994)*.

Die Ausgänge des neuronalen Netzes können zwei Fälle klassifizieren: *Fehlerfrei* (Ausgang *1*) oder einen mit *FWzMagTuer* bezeichneten Fehler (Ausgang *2*), der eine nicht vollzogene Bewegung der Werkzeug-Magazintüre kennzeichnet. Das Element *FWzMagTuer* des Ausgangs-Tupelvektors der Postprozeß-Fehlererkennung wird zusätzlich mit dem Tupel *leichter Fehler* verbunden.

6.4.3 Gestaltung des Anlagenmodells

In Bild 6-9 ist ein Ausschnitt aus dem Anlagenmodell der Beispielrealisierung dargestellt, der die Elementaraktion *mtauf* zum Öffnen der Magazintüre sowie alle damit verbundenen Modellobjekte zeigt.

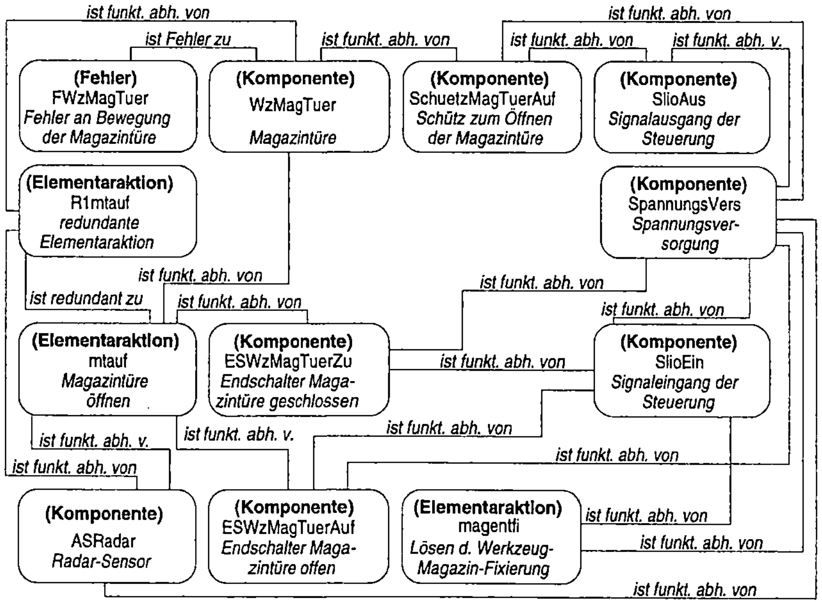

Bild 6-9: Ausschnitt aus dem Anlagenmodell zur Elementaraktion "Magazintüre öffnen" (mtauf), ohne DV-Netz-Objekte

Das Modell enthält funktionale Abhängigkeiten zwischen der Elementaraktion *mtauf* und den Komponenten sowie zwischen den Komponenten untereinander. Die Elementaraktion *mtauf* verweist außerdem auf eine redundante Aktion *R1mtauf*. Ein weiterer Bestandteil des Modells ist ein Fehlerobjekt *FWzMagTuer*. Aus Gründen der Übersichtlichkeit sind weder Relationen vom Typ *"ist Reset zu"* und *"ist invers zu"* dargestellt, noch Netz-Objekte zur Datenverarbeitung.

6.4.4   Beispiel einer durchgängigen Fehlerbehandlung

Simulierter Fehler

Am Beispiel eines testweise eingebrachten Fehlers soll die Arbeitsweise der entwickelten Maschinensteuerung veranschaulicht werden. Als Fehler wird ein Kabelbruch des Endlagesensors simuliert, der den geöffneten Zustand der Magazintüre anzeigt. Hierfür wird das Signal des Sensors künstlich auf *Low* gehalten (Bild 6-10).

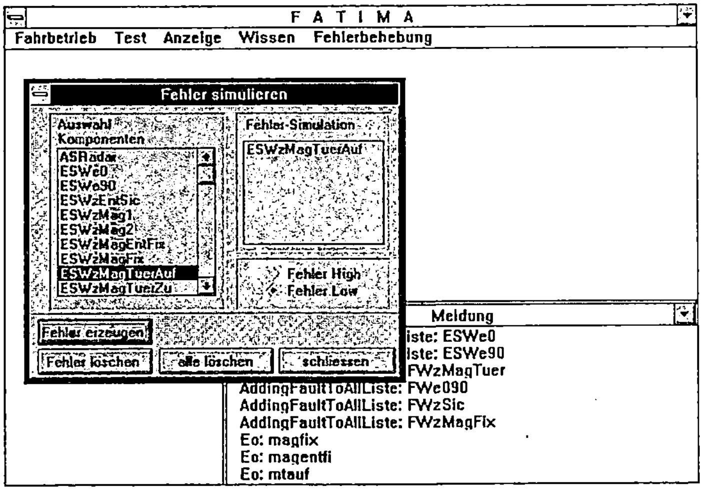

Bild 6-10: Simulation eines Kabelbruchs im Dialogfenster zur Fehlersimulation

Ablauf der Fehlerbehandlung

Nach dem Start des automatischen Werkzeugwechsels wird die Elementaraktion *mtauf* aktiviert. Da die Preprozeß-Fehlererkennung eine Ausführung aus dem aktuellen Zustand erlaubt, öffnet sich die Magazintüre. Aufgrund des simulierten Kabelbruchs liefert der Endlagesensor *ESMagTuerAuf* auch bei geöffneter Tür den Wert *0.0*, was die Zeitüberwachung der Inprozeß-Fehlererkennung nach einer angemessenen Zeitspanne zur Anzeige eines *leichten Fehlers* veranlaßt. Von der Maschinensteuerung wird daraufhin die Aktionsausführung beendet.

Bei der sich anschließenden Postprozeß-Fehlererkennung wird durch das Neuronale Netz erkannt, daß die Elementaraktion wahrscheinlich ordnungsgemäß ausgeführt wurde (hoher Evidenzwert der Aussage *endok*, die ein korrektes Ende anzeigt) und ein Bewegungsfehler der Magazintüre wahrscheinlich nicht vorliegt (Bild 6-11).

Entsprechend der Aussage-Evidenzen E_{au} und -Konfidenzen K_{au} (im Bild nicht dargestellt) der Inprozeß- und der Postprozeß-Fehlererkennung werden die Evidenzen E_{ko} aller Maschinenkomponenten, die mit der gestörten Elementaraktion und mit dem "FWzMagTuer"-Objekt verknüpft sind, belegt.

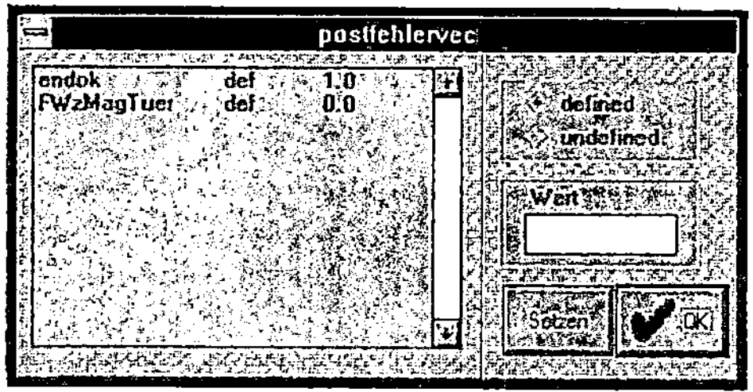

Bild 6-11: Ausgangsvektor der Postprozeß-Fehlererkennung

Dabei verbleiben die Evidenzen des Endlagesensors *ESWzMagTuerAuf* und der in dessen funktionalen Kette enthaltenen Komponenten, *SlioEin* (Signaleingang des CAN-Bus-Moduls, s.a. Bild 6-9) und *SpannungsVers* (Spannungs-Versorgungseinheit) auf erhöhten Werten (Bild 6-12).

Zur Eingrenzung des Fehlers wird im Rahmen der Fehlerlokalisierung eine Test-Elementaraktion mit Namen *magentfi* ausgeführt, die eine Entriegelung des Werkzeug-Magazins verursacht. Diese Aktion ist von den Komponenten *SpannungsVers* und *SlioEin* funktional abhängig.

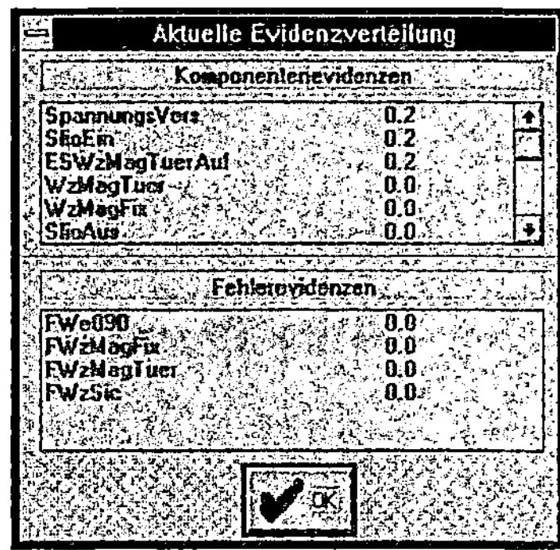

Bild 6-12: Evidenzen der Komponenten- und Fehlerobjekte nach der Fehlererkennung

Da diese Testaktion im Beispiel erfolgreich ausgeführt werden kann, werden die Evidenzen der zugehörigen Komponenten gesenkt. Der Fehler kann auf diese Weise auf den Sensor eingegrenzt werden (Bild 6-13).

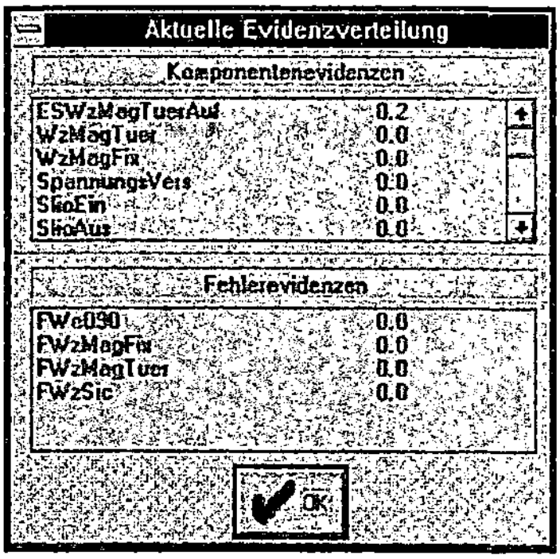

Bild 6-13: Evidenzen der Komponenten- und Fehlerobjekte nach der Testaktion

Bei der nachfolgenden Fehlerbehebung nutzt die Maschinensteuerung den im Anlagenmodell abgelegten Verweis auf die redundante Elementaraktion *R1mtauf* aus, die statt der beiden Endschalter ausschließlich den Radarsensor zur Überwachung verwendet. In dem Modellobjekt der fehlerhaften Elementaraktion wird hierfür ein entsprechender Eintrag vorgenommen, der zukünftige Zugriffe auf die redundante Elementaraktion umleitet.

Die für die Fortsetzung des Betriebes (Reentry) notwendige Konsistenz des Zustandsabbildes wird automatisch durch den Reset der redundanten Elementaraktion hergestellt (Bild 6-14).

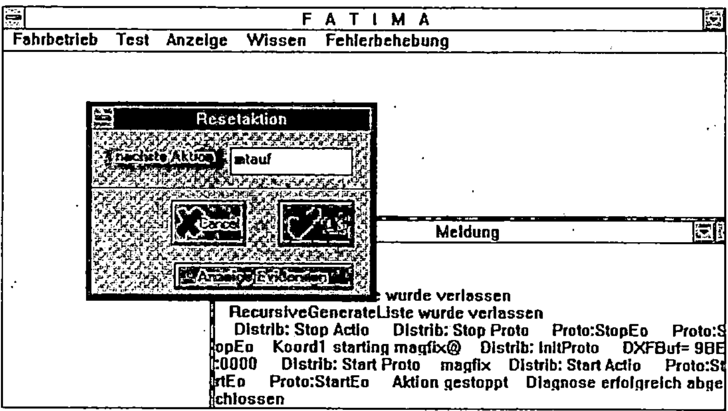

Bild 6-14: Dialogfenster zur Bestätigung der Reset-Aktion

Anschließend erfolgt die Erfolgsprüfung der Fehlerbehebung, indem die redundante Elementaraktion ausgeführt wird, die im Anlagenmodell (Bild 6-9) mit *R1mtauf* bezeichnet wird. Der fehlerfreie Ablauf dieser Aktion zeigt an, daß die Behebungsmaßnahme erfolgreich war. Der Fehler ist damit umgangen, und es kann der ursprüngliche Maschinenzustand wiederhergestellt werden. Im Beispiel geschieht dies durch die Ausführung der zu *magentfi* inversen Elementaraktion *magfix*, die ebenfalls im Anlagenmodell verankert ist.

Die Abarbeitung des Auftragsnetzes wird nun fortgesetzt. Bei jedem Aufruf der fehlerhaften Elementaraktion *mtauf* wird dabei in die fehlerfreie, redundante Elementaraktion *R1mtauf* verzweigt. Daher kann der Anlagenbetrieb weiterhin aufrechterhalten werden.

7 Zusammenfassung und Ausblick

Die zunehmende Automatisierung im Produktionsbereich hat zur Entwicklung hochkomplexer Produktionsmaschinen geführt, deren Verfügbarkeit aufgrund häufiger Stillstände und langer Stillstandszeiten stark gemindert wird. Eine für die Rentabilität dieser Anlagen ausreichende Nutzung ist daher häufig nicht gegeben.

Abhilfe verspricht der Einsatz der rechnergeführten Störungsbehandlung, da hierdurch Stillstandszeiten gesenkt oder sogar vermieden werden können. Herkömmliche Steuerungen für Produktionsmaschinen sind jedoch in erster Linie auf den störungsfreien Betrieb ausgerichtet und daher für die Einbindung von Mechanismen zur Fehlerbehandlung nicht geeignet. Um diesem Defizit zu begegnen, wurde in der vorliegenden Arbeit das Konzept einer Steuerung für maschinennahe Abläufe erarbeitet, das zwei Aufgabenschwerpunkte enthält: Die weitgehend selbständige Behandlung auftretender Fehler sowie die Steuerung des fehlerfreien Betriebes.

Zunächst wurde der Stand der Technik bei Steuerungen von Produktionsmaschinen sowie bei der Fehlerbehandlung aufgezeigt und die Anforderungen an eine Maschinensteuerung mit integrierter Fehlerbehandlung analysiert. Dies bildet die Grundlage für die Konzeption der Fehlerbehandlung, die in die Phasen Fehlererkennung, Fehlerlokalisierung und partielle bzw. vollständige Fehlerbehebung gegliedert ist.

Ein wesentlicher Grundgedanke der Fehlererkennung ist die Unterteilung der von der Ablaufsteuerung angestoßenen Vorgänge in kleine, abgeschlossene Einzelprozesse, sogenannte Elementaraktionen, die zunächst getrennt überwacht werden. Diese Fokussierung der Sichtweite auf einzelne Elementaraktionen ermöglicht die überschaubare Konfiguration individueller Überwachungsmechanismen zur Fehlererkennung. Um der Vielfalt auftretender Prozesse gerecht zu werden, wurde ein universell konfigurierbares Baukastensystem zur Verarbeitung von Sensordaten und zur Generierung von Informationen über aufgetretene Fehler entwickelt. Mit diesem Konzept wird die effektive Überwachung von Elementaraktionen durch analoge und binäre Sensoren möglich.

Für die auf die Fehlererkennung folgende Fehlerlokalisierung steht die Gewinnung möglichst umfangreicher Informationen über die Funktionsfähigkeit einzelner Maschinenkomponenten im Vordergrund. Da zum Zeitpunkt des Fehlerauftritts die verfügbaren Informationen für eine befriedigende Fehlereingrenzung meist nicht ausreichen, wurde ein iteratives Verfahren entwickelt, das bislang zur Fehlerlokalisierung in Produktionsmaschinen nicht eingesetzt wird: Die selbständige Generierung, Ausführung und Auswertung von Testaktionen auf Basis eines Anlagenmodells.

Eine wesentliche Schwierigkeit bei der Anwendung dieses Verfahrens liegt darin, daß Testaktionen wegen der Gefahr von Kollisionen nicht von beliebigen Maschinenzuständen aus gestartet werden dürfen. Um dennoch eine weitgehend automatisierte Fehlerlokalisierung zu ermöglichen, wurden Mechanismen zur Herstellung erlaubter Zustände für die Ausführung von Testaktionen entworfen.

Auf die erfolgreiche Fehlerlokalisierung folgt die (teil-) automatische Ausführung von Fehlerreaktionen. Neben Reparaturaktionen, die der vollständigen Fehlerbehebung dienen, wurden Maßnahmen zur Fehlerumgehung berücksichtigt. Nach jeder Fehlerreaktion findet ein Erfolgstest statt, von dem abhängt, ob weitere Aktionen zur Fehlerbehebung und -umgehung ausgelöst werden oder ob die Fortsetzung des unterbrochenen Betriebes eingeleitet wird.

Im Anschluß an die Konzeption der Fehlerbehandlung wurde eine Steuerungsstruktur erarbeitet, die die entwickelten Mechanismen zur Fehlerbehandlung sowie Funktionalitäten zur Steuerung des fehlerfreien Betriebes vereint. Die konzipierte Struktur wurde prototypisch umgesetzt, in ein Bearbeitungszentrum integriert und beispielhaft erprobt.

Mit der vorliegenden Arbeit ist das Konzept für eine Maschinensteuerung mit integrierter Fehlerbehandlung entstanden, das stärker als bisherige Lösungen den Aspekt der Selbständigkeit und Vollständigkeit der Fehlerbehandlung betont. Der hierfür notwendige, intensive Zugriff auf die Sensorik und Aktorik der Produktionsmaschine ist durch die vollständige Integration der Fehlerbehandlung in die Steuerungsstruktur ermöglicht worden.

Die entwickelten Mechanismen eröffnen darüber hinaus die Möglichkeit, in erhöhtem Maße aufgabenorientiert mit der Produktionsmaschine zu kommunizieren. Sie vereinfachen dadurch viele Arbeiten im Bereich der Instandsetzung, -haltung und Inbetriebnahme. Die Steuerung ist in der Lage, Vorgehensweisen zur Problemlösung selbständig zu erarbeiten und ermöglicht somit auch durchschnittlich qualifiziertem Personal, die Bedienung im Fehlerfall durchzuführen. Damit wird eine wichtige Voraussetzung für die wirtschaftlichere Nutzung von Produktionsmaschinen insbesondere in mannarmen Schichten geschaffen.

Bei der Implementierung von Wissen zur Fehlerbehandlung entsteht ein Zusatzaufwand, der erheblich über die herkömmliche Ablaufprogrammierung hinausgeht. Für die Programmierung der Werkstück- und Werkzeugwechslvorgänge in einem durchschnittlichen Bearbeitungszentrums sind ca. 800 Objekte eines Maschinenmodells zu erstellen und mit Wissen zur Fehlerbehandlung zu füllen. Bei einer geschätzten Programmierdauer von 20 Minuten pro Objekt und einem angenommenen Stundensatz von *80 DM* für einen Programmierer liegen die hierdurch entstehenden Zusatzkosten bei ca. *21.300 DM*. Diese Kosten fallen nur einmalig bei der Entwicklung eines neuen Maschinentyps an und verteilen sich auf die verkauften Maschinen dieses Typs.

Darüberhinaus entstehen für jede Maschine Mehrkosten, wenn zusätzliche Sensorik eingesetzt wird. Für das betrachtete Beispiel wird ein Schätzwert von *5.000 DM* angenommen, der bei Einsatz von zwei einfachen analogen Sensoren (z.B. Radar-Dopplersensoren) anfallen würde. In Summe belaufen sich daher die geschätzten Zusatzkosten für die integrierte Fehlerbehandlung auf maximal *26.300 DM*.

Wie in *Vossloh (1988, S. 43)* dargestellt, sind bei Einsatz der rechnergestützten Fehlerbehandlung in Transferstraßen Reduzierungen der Ausfallzeiten um bis zu 40% erreichbar. Nach *VDW (1994)* bewirken Werkzeug- und Werkstück-Wechseleinrichtungen, wie sie in Bearbeitungszentren und in Transferstraßen vorkommen, ca. *3.42%* technische Nichtverfügbarkeiten. Im folgenden Beispiel soll verdeutlicht werden, welcher monetäre Vorteil sich durch eine Senkung dieser Nichtverfügbarkeiten um *40%* ergeben kann.

Als Beispiel wurde eine Transferstraße ausgewählt, deren Maschinen-Stundensatz nach einer Untersuchung von *Martel (1993)* bei *800 DM/h* liegt. Wird diese Anlage in zwei Schichten mit jährlich *2700 h* betrieben, so ist eine Reduzierung der

Ausfallkosten um *29.550 DM* erreichbar. Eine Gegenüberstellung dieses Wertes mit den oben abgeschätzten Zusatzkosten der Fehlerbehandlung zeigt, daß eine Amortisation bereits vor Ablauf eines Jahres erfolgen kann.

Zur Reduktion des dargestellten Zusatzaufwandes sind Methoden und Hilfsmittel zu entwickeln, die den Erwerb von Wissen zur Fehlerbehandlung unterstützen. Ansatzpunkte ergeben sich durch die Ausnutzung von Daten, die während der Entwicklung und des Betriebes einer Produktionsmaschine erzeugt werden. Hierunter fallen beispielsweise mechanische und elektrische Konstruktionspläne oder Service- und Ausfallstatistiken. Dabei kann auf die von *Ebner (1995)* und *Birkel (1995)* entwickelten Konzepte zurückgegriffen werden.

Darüberhinaus sind Produktionsmaschinen zukünftig mit der Fähigkeit auszustatten, Wissen über die Erkennung, die Lokalisierung und die Behebung von Fehlern weitgehend selbständig zu akquirieren. Diese als *Lernfähigkeit* bezeichnete Eigenschaft entbindet das Personal von zeitaufwendigen Arbeiten zur Wissensintegration und erhöht somit die Akzeptanz von Produktionsmaschinen mit integrierter Fehlerbehandlung.

8   Literatur

Anker & Wirth 1994

     Anker A.; Wirth, M.: Produktion im Wandel: Automatisierung tut not. VDI-Z 136 (1994) 4, S. 28-29.

Bär & Bauder 1992

     Bär, J.; Bauder, I.: Windows 3.1 intern. Gütersloh: Mohndruck 1992.

Balluff 1995

     Balluff GmbH (Hrsg.): ASI Sensor-Systeme. Neuhausen/Filder: 1995.

Barth u.a. 1988

     Barth, W. u.a.: Steuerungen in der Automatisierungstechnik. Berlin: VEB Verlag Technik 1988.

Bartl 1990

     Bartl, R.: Datenmodellgestützte Wissensverarbeitung zur Diagnose- und Informationsunterstützung in technischen Systemen. Karlsruhe: Schnelldruck Ernst Grässer 1990.

Beitz & Küttner 1986

     Beitz, W.; Küttner, K.-H.: Dubbel Taschenbuch für den Maschinenbau. Berlin: Springer 1986.

Bender u.a. 1990

     Bender, K. (Hrsg) u.a.: Profibus. Der Feldbus für die Automation. München: Carl Hanser 1990.

Bender & Kaiser 1994

     Bender, K.; Kaiser, O.: Simultanous Engineering durch Maschinenemulation. CIM Management 11 (1995) 4, S. 14 - 18.

Birkel 1995

     Birkel, G.: Aufwandsminimierter Wissenserwerb für die Diagnose in flexiblen Produktionszellen. Berlin: Springer 1995. (iwb Forschungsberichte 84)

Bitter u.a. 1971

     Bitter, P. u.a.: Technische Zuverlässigkeit. Berlin: Springer 1971.

Boschert 1993

     Boschert, T.: Eine neue Steuerungsgeneration für Mehrwege-Fertigungszellen. Werkstatt und Betrieb 126 (1993) 9, S. 553-556.

Breit u. a. 1994

     Breit, S. u. a.: Flexible Fertigung. VDI-Z 136 (1994) 9, S. 40 - 57.

Brigham 1989

Brigham, E. O.: FFT Schnelle Fourier-Transformation. München: Oldenburg 1989.

Brynjolfsson & Arnström 1990

Brynjolfsson, S.; Arnström, A.: Error Detection and Recovery in Flexible Assembly Systems. In: The International Journal of Advanced Manufacturing Technology 5 (1990) 2.

Deckel 1984

Friedrich Deckel AG (Hrsg.): Produktdokumentationen zum Bearbeitungszentrum DC30. München: 1984.

Diehl 1992

Diehl, G.: Steuerungsperipheres Diagnosesystem für Fertigungseinrichtungen auf Basis überwachungsgerechter Komponenten. Berlin: Springer 1992. (ISW Forschung und Praxis 89)

DIN 31051 1985

DIN 31051: Instandhaltung - Begriffe und Maßnahmen. Berlin: Beuth-Verlag 1985.

DIN 40041 1990

DIN 40041: Zuverlässigkeit. Begriffe. Berlin: Beuth-Verlag 1990.

Doepner 1994

Doepner, S.: Hilfe über Modem. Industrie Anzeiger 116 (1994) 14, S. 39 - 41.

Dräger & Rohde 1993

Dräger, H.-J.; Rohde, C.: Integrierte Werkzeugüberwachung gibt offenen Steuerungen neue Funktionalität. Werkstatt und Betrieb 126 (1993), 9 S. 549-551.

Ehrlenspiel u.a. 1988a

Ehrlenspiel, K. u.a.: Checklisten zum methodischen Konstruieren. Umdruck zur Vorlesung Konstruktionslehre. München: 1988.

Ehrlenspiel u.a. 1988b

Ehlenspiel, K. u.a.: Umdruck zur Vorlesung Konstruktionslehre 1. Grundlagen und Methodenbaukasten zum funktionsgerechten Konstruieren. München: 1988.

Enderle 1989

Enderle, W.: Verfügbarkeitssteigerung automatischer Montagesysteme durch selbsttätige Behebung prozeßbedingter Störungen. Karlsruhe: Schnelldruck Ernst Grässer 1989.

Fähnrich 1990

Fähnrich K.P.: Ein System zur wissensbasierten Diagnose an CNC-
Werkzeugmaschinen durch den Maschinenbediener. Berlin: Springer
1990. (IPA-IAO Forschung und Praxis 148)

Färber 1994

Färber, G.: Feldbus-Technik heute und morgen. atp
Automatisierungstechnische Praxis 36 (1994) 11, S. 16 - 36.

Feil 1994

Feil, A.: Diagnose fettgeschmierter Hauptspindellager. München: Carl
Hanser 1994. (Forschungsberichte für die Praxis 133)

Gini 1983

Gini, M.; Gini, G.: Recovering from Failures: A New Challenge for
Industrial Robotics. In: Proceedings of the Computer Society
International Conference Compcon Fall 83. Arlington, VA: 1983.

Glas 1993

Glas, J.: Standardisierter Aufbau anwendungsspezifischer
Zellenrechnersoftware. Berlin: Springer 1993. (iwb Forschungsberichte
61)

Glockmann 1992

Glockmann, K.: Wissensaufbereitung für ein Diagnosesystem bei
flexiblen Fertigungseinrichtungen. Magdeburg: Techn. Univ., Fakultät
für Produktionstechnik 1992.

Grimm 1987

Grimm, W.: Diagnosesystem für steuerungsperiphere Fehler an
Fertigungseinrichtungen. Berlin: Springer 1987.

Groha 1988

Groha A.: Universelles Zellenrechnerkonzept für flexible
Fertigungssysteme. Berlin: Springer 1988. (iwb Forschungsberichte 14)

Hafner u.a. 1992

Hafner, S.; Geiger, H.; Kreßel, U.: Anwendungsstand Künstlicher
Neuronaler Netze in der Automatisierungstechnik. Teil 1: Einführung.
atp Automatisierungstechnische Praxis 34 (1992) 10, S. 591 - 599.

Härdtner 1992

Härdtner, G.M.: Wissensstrukturierung in Diagnose-Expertensystemen
für Fertigungseinrichtungen. Berlin: Springer 1992. (Forschung und
Praxis 93)

Heller 1992

Heller Maschinenfabrik GmbH (Hrsg.): Uni-Pro. Informationen zum
Thema Steuerungssysteme für Bearbeitungszentren und flexible
Fertigungseinrichtungen. Nürtingen: 1992.

Herden u.a. 1990
> Herden u. a.: Wissensbasierte Systeme. atp-Supplement atp 32 (1990) 2,
> S. WS1-WS22.

Heymann & Lingener 1986
> Heymann, J.; Lingener, A.: Meßverfahren der experimentellen
> Meßtechnik. Berlin: Springer 1986.

Hofmann 1990
> Hofmann, P.: Fehlerbehandlung in Flexiblen Fertigungssystemen.
> Einführung für Hersteller und Anwender. München: Oldenburg 1990.

Homburg & Paroth 1994
> Homburg, D.; Paroth, V.: ASI auf dem Vormarsch. Industrie Anzeiger
> 116 (1994) 18, S. 38 - 39.

Hüfner 1992
> Hüfner, E.: Ein Beitrag zur Überwachung und Diagnose beim
> Radialumformen am Beispiel der Radialumformmaschine RUMX-2000.
> Berlin: Springer 1993.

Illner u. a. 1994
> Illner, S.; Scholz, R.; Wätzig, R.: Kontaktaufnahme - Ferndiagnose und
> weitreichender Service verbessern die Verfügbarkeit von
> Werkzeugmaschinen. Maschinenmarkt 100 (1994) 5, S. 24-25.

Isermann 1994
> Isermann, R. (Hrsg.): Überwachung und Fehlerdiagnose. Moderne
> Methoden und ihre Anwendungen bei technischen Systemen. Düsseldorf:
> VDI Verlag 1994.

Jörns u.a. 1995
> Jörns, C.; Litz, L.; Bergold, S.: Automatische Erzeugung von SPS-
> Programmen auf der Basis von Petrinetzen. atp
> Automatisierungstechnische Praxis 37 (1995) 3, S. 10 - 14.

Kahlenberg 1995
> Kahlenberg, R.: Integrierte Qualitätssicherung in flexiblen
> Fertigungszellen. Berlin: Springer 1995. (iwb Forschungsberichte 95)

Kaiser 1992
> Kaiser, M.: Künstliche Neuronale Netze. Grundlagen und
> Anwendungsbeispiele. atp Automatisierungstechnische Praxis 34 (1992)
> 9, S. 539 - 545.

Keil 1992
> Keil Elektronik GmbH (Hrsg.): Monitor-51 Bedienungsanleitung.
> München: 1992.

Kestler u. a. 1994

Kestler, A. u. a.: Untersuchung und Simulation Neuronaler Netze mit dynamischer Strukturänderung. ATP Automatisierungstechnische Praxis 36 (1994) 2, S. 47-51.

Kiratli 1989

Kiratli, G.: Konzept und Realisierung eines wissensbasierten Systems zur Diagnose und Bedienerunterstützung bei komplexen Fertigungseinrichtungen. Aachen: Trans-Aix-Press 1989.

Kistner u.a. 1994

Kistner, A.; Klofutar, A.; Beutelschieß, F.: Anwendungsstand künstlicher Neuronaler Netze in der Automatisierungstechnik. Teil 8: Neuronale Netze in der Signalverarbeitung. atp Automatisierungstechnische Praxis 36 (1994) 7, S. 36 - 41.

Klinker 1995

Klinker, W.: Produktionsmaschinen mit Bussystem dezentral automatisiert. Werkstatt und Betrieb 128 (1995) 4, S. 262-264.

Knapp & Wang 1992

Knapp, G.M.; Wang H.: Machine Fault Classification: A Neural Network Approach. International Journal of Production Research 30 (1992) 4, S. 811-823.

Koch 1995

Koch, M.R.: Autonome Fertigungszellen - Gestaltung, Steuerung und integrierte Störungsbehandlung. München: Springer 1995.

Koch & Köhne 1995

Koch, M.R.; Köhne, T.: Autonomie - Leitbild mit Perspektive. ZWF Zeitschrift für wirtschaftlichen Betrieb 90 (1995) 4, S. 165-167.

Koch & Wagner 1994

Koch, M.R.; Wagner, M.: Autonome Fertigungssysteme. Die Neue Fabrik 1994, S. 78-80.

König & Ketteler 1994

König, W.; Ketteler, G.: Prozeßüberwachung beim Messerkopfstirnfräsen durch Auswertung von Acoustic Emission-Signalen. VDI-Z 136 (1994) 1, S. 92-97.

Koscielny 1986

Koscielny J. M.: Aims, Tasks and Methods of On-Line-Diagnostic of Industrial Control Systems. In: IFAC Reliability of Instrumentation Systems, Den Haag, 1986, S. 131 - 136.

Kühne 1985

> Kühne, L.: Entwicklung eines universellen Überwachungs- und Diagnosesystems für Fertigungseinrichtungen. Aachen: Fotodruck J. Mainz 1985.

Kunz u. a. 1994

> Kunz u. a.: Softwaretechnologien für den Betrieb produktionstechnischer Anlagen. VDI-Z 136 (1994) 5, S. 60 - 63.

Lawrenz 1994

> Lawrenz, W (Hrsg) u. a.: CAN Controller Area Network. Grundlagen und Praxis. Heidelberg: Hüthig 1994.

Löffler 1989

> Löffler, L.: Adaptierbare und adaptive Benutzerschnittstellen - Konzeption und Realisierung für den Bereich der Produktionstechnik. Karlsruhe: Schnelldruck Ernst Grässer 1989.

Luft & Gleisinger 1989

> Luft, K.H.; Gleisinger, R.: Diagnose-Expertensystem erhöht Anlagenverfügbarkeit. VDI-Z 131 (1989) 10, S. 28 - 31.

Martel 1993

> Martel, G.: Planung und wirtschaftliche Nutzung flexibler Fertigungssysteme. Werkstatt und Betrieb 126 (1993) 8, S. 441- 444.

Maßberg & Seifert 1991

> Maßberg, W.; Seifert, H.-J.: Fehlersuche in komplexen Produktionsmaschinen. VDI-Z 133 (1991) 12, S. 50 - 56.

Milberg & Ebner 1994a

> Milberg, J.; Ebner, C.: Verfügbarkeit von Werkzeugmaschinen. VDI-Z 136 (1994) 1-2, S. 31-35.

Milberg & Ebner 1994b

> Milberg, J.; Ebner, C.: Verfügbarkeit von Werkzeugmaschinen. Abschlußbericht zum Projekt AiF 8649. Frankfurt: Verein Deutscher Werkzeugmaschinen e.V. 1994.

Milberg & Koch 1993

> Milberg, J.; Koch, M.R.: Autonome Fertigungssysteme. VDI-Z 135 (1993) 12, S. 63 - 69.

Möller 1994

> Möller, W.: Schöne Aussichten. Industrie Anzeiger 116 (1994) 24, S. 46-48.

Nordmann 1994

> Nordmann, K.: Werkzeugüberwachung mit neuen Sensortechniken. VDI-Z Integrierte Produktion Special Werkzeuge 2 (1994), S. 42-44.

iwb Forschungsberichte

Berichte aus dem Institut für Werkzeugmaschinen und Betriebswissenschaften der Technischen Universität München

Herausgeber: Prof. Dr.-Ing. J. Milberg und Prof. Dr.-Ing. G. Reinhart

---

1 Streifinger, E.
Beitrag zur Sicherung der Zuverlässigkeit und Verfügbarkeit
moderner Fertigungsmittel
1986. 72 Abb. 167 Seiten, ISBN 3-540-16391-3   68,- DM

2 Fuchsberger, A.
Untersuchung der spanenden Bearbeitung von Knochen
1986. 90 Abb. 175 Seiten, ISBN 3-540-16392-1   68,- DM

3 Maier, C.
Montageautomatisierung am Beispiel des Schraubens mit
Industrierobotern
1986. 77 Abb. 144 Seiten, ISBN 3-540-16393-X   68,- DM

4 Summer, H.
Modell zur Berechnung verzweigter Antriebsstrukturen
1986. 74 Abb. 197 Seiten, ISBN 3-540-16394-8   68,- DM

5 Simon, W.
Elektrische Vorschubantriebe an NC-Systemen
1986. 141 Abb. 198 Seiten, ISBN 3-540-16693-9   68,- DM

6 Büchs, S.
Analytische Untersuchungen zur Technologie der Kugelbearbeitung
1986. 74 Abb. 173 Seiten, ISBN 3-540-16694-7   68,- DM

7 Hunzinger, I.
Schneiderodierte Oberflächen
1986. 79 Abb. 162 Seiten, ISBN 3-540-16695-5   68,- DM

8 Pilland, U.
Echtzeit-Kollisionsschutz an NC-Drehmaschinen
1986. 54 Abb. 127 Seiten, ISBN 3-540-17274-2   68,- DM

9 Barthelmeß, P.
Montagegerechtes Konstruieren durch die Integration
von Produkt- und Montageprozeßgestaltung
1987. 70 Abb. 144 Seiten, ISBN 3-540-18120-2   68,- DM

10 Reithofer, N.
Nutzungssicherung von flexibel automatisierten Produktionsanlagen
1987. 84 Abb. 176 Seiten, ISBN 3-540-18440-6   68,- DM

11 Diess, H.
Rechnerunterstützte Entwicklung flexibel automatisierter
Montageprozesse
1988. 56 Abb. 144 Seiten, ISBN 3-540-18799-5   73,- DM

12 Reinhart, G.
Flexible Automatisierung der Konstruktion
und Fertigung elektrischer Leitungssätze
1988, 112 Abb. 197 Seiten, ISBN 3-540-19003-1   73,- DM

13 Bürstner, H.
Investitionsentscheidung in der rechnerintegrierten Produktion
1988, 77Abb. 190 Seiten, ISBN 3-540-19099-6   73,- DM

14 Groha, A.
Universelles Zellenrechnerkonzept für flexible Fertigungssysteme
1988, 74 Abb. 153 Seiten, ISBN 3-540-19182-8   73,- DM

15 Riese, K.
Klipsmontage mit Industrierobotern
1988, 92 Abb. 150 Seiten, ISBN 3-540-19183-6   73,- DM

16 Lutz, P.
Leitsysteme für rechnerintegrierte Auftragsabwicklung
1988, 44 Abb. 144 Seiten, ISBN 3-540-19260-3   73,- DM

17 Klippel, C.
Mobiler Roboter im Materialfluß eines flexiblen Fertigungssystems
1988, 86 Abb. 164 Seiten, ISBN 3-540-50468-0   73,- DM

18 Rascher, R.
Experimentelle Untersuchungen zur Technologie der Kugelherstellung
1989, 110 Abb. 200 Seiten, ISBN 3-540-51301-9   73,- DM

19 Heusler, H.-J.
Rechnerunterstützte Planung flexibler Montagesysteme
1989, 43 Abb. 154 Seiten, ISBN 3-540-51723-5   73,- DM

20 Kirchknopf, P.
Ermittlung modaler Parameter aus Übertragungsfrequenzgängen
1989, 57 Abb. 157 Seiten, ISBN 3-540-51724   73,- DM

21 Sauerer, Ch.
Beitrag für ein Zerspanprozeßmodell Metallbandsägen
1990, 89 Abb. 166 Seiten, ISBN 3-540-51868-1   78,- DM

22 Karstedt, K.
Positionsbestimmung von Objekten in der Montage-
und Fertigungsautomatisierung
1990, 92 Abb. 157 Seiten, ISBN 3-540-51879-7   78,- DM

23 Peiker, St.
Entwicklung eines integrierten NC-Planungssystems
1990, 66 Abb. 180 Seiten, ISBN 3-540-51880-0   78,- DM

24 Schugmann, R.
Nachgiebige Werkzeugaufhängungen für die automatische Montage
1990. 71 Abb. 155 Seiren, ISBN 3-540-52138-0   78,- DM

25 Wrba, P
Simulation als Werkzeug in der Handhabungstechnik
1990, 125 Abb., 178 Seiten, ISBN 3-540-52231-X   78,- DM

26 Eibelshäuser, P.
Rechnerunterstützte experimentelle Modalanalyse
mitells gestufter Sinusanregung
1990, 79 Abb., 156 Seiten, ISBN 3-540-52451-7   78,- DM

27 Prasch, J.
Computerunterstützte Planung von chirurgischen Eingriffen
in der Orthopädie
1990, 113 Abb., 164 Seiten, ISBN 3-540-52543-2   78,- DM

28 Teich, K.
Prozeßkommunikation und Rechnerverbund in der Produktion
1990, 52 Abb., 158 Seiten, ISBN 3-540-52764-8   78,- DM

29 Pfrang, W.
Rechnergestützte und graphische Planung manueller
und teilautomatisierter Arbeitsplätze
1990, 59 Abb., 153 Seiten, ISBN 3-540-52829-6   78,- DM

30 Tauber, A.
Modellbildung kinematischer Stukturen
als Komponente der Montageplanung
1990, 93 Abb., 190 Seiten, ISBN 3-540-52911-X   78,- DM

31 Jäger, A.
Systematische Planung komplexer Produktionssysteme
1991, 75 Abb., 148 Seiten, ISBN 3-540-53021-5   78,- DM

32 Hartberger, H.
Wissensbasierte Simulation komplexer Produktionssysteme
1991, 58 Abb., 154 Seiten, ISBN 3-540-53326-5   78,- DM

33 Tuczek H.
Inspektion von Karosseriepreßteilen auf Risse und Einschnürungen
mittels Methoden der Bildverarbeitung
1992, 125 Abb., 179 Seiten, ISBN 3-540-53965-4   88,- DM

34 Fischbacher, J.
Planungsstrategien zur strömungstechnischen Optimierung
von Reinraum–Fertigungsgeräten
1991, 60 Abb., 166 Seiten, ISBN 3-540-54027-X   78,- DM

35 Moser, O.
3D–Echtzeitkollisionsschutz für Drehmaschinen
1991, 66 Abb., 177 Seiten, ISBN 3-540-54076-8   78,- DM

36 Naber, H.
Aufbau und Einsatz eines mobilen Roboters mit
unabhängiger Lokomotions– und Manipulationskomponente
1991, 85 Abb., 139 Seiten, ISBN 3-540-54216-7   78,- DM

37 Kupec, Th.
Wissensbasiertes Leitsystem zur Steuerung flexibler Fertigungsanlagen
1991, 68 Abb., 150 Seiten, ISBN 3-540-54260-4   78,- DM

38 Maulhardt, U.
Dynamisches Verhalten von Kreissägen
1991, 109 Abb., 159 Seiten, ISBN 3-540-54365-1   78,– DM

39 Götz, R.
Stukturierte Planung flexibel automatisierter Montagesysteme
für flächige Bauteile
1991, 86 Abb., 201 Seiten, ISBN 3-540-54401-1   78,– DM

40 Koepfer, Th.
3D- grafisch-interaktive Arbeitsplanung – ein Ansatz
zur Aufhebung der Arbeitsteilung
1991, 74 Abb., 126 Seiten, ISBN 3-540-54436-4   78,– DM

41 Schmidt, M.
Konzeption und Einsatzplanung flexibel automatisierter
Montagesysteme
1992, 108 Abb., 168 Seiten, ISBN 3-540-55025-9   88,– DM

42 Burger, C.
Produktionsregelung mit entscheidungsunterstützenden
Informationssystemen
1992, 94 Abb., 186 Seiten, ISBN 5-540- 55187-5   88,– DM

43 Hoßmann, J.
Methodik zur Planung der automatischen Montage von nicht
formstabilen Bauteilen
1992, 73 Abb., 168 Seiten, ISBN 3-540-5520-0   88,– DM

44 Petry, M.
Systematik zur Entwicklung eines modularen Programm-
baukastens für robotergeführte Klebeprozesse
1992, 106 Abb., 139 Seiten ISBN 3-540-55374-6   88,– DM

45 Schönecker, W.
Integrierte Diagnose in Produktionszellen
1992, 87 Abb., 159 Seiten, ISBN 3-540-55375-4   88,– DM

46 Bick, W.
Systematische Planung hybrider Montagesyste unter
Berücksichtigung der Ermittlung des optimalen Automatisierungsgrades
1992, 70 Abb., 156 Seiten ISBN 3-540-55377-0   88,– DM

47 Gebauer, L.
Prozeßuntersuchungen zur automatisierten Montage
von optischen Linsen
1992, 84 Abb., 150 Seiten, ISBN 3-540- 55378-9   88,– DM

48 Schrüfer, N.
Erstellung eines 3D–Simulationssystems zur Reduzierung
von Rüstzeiten bei der NC–Bearbeitung
1992, 103 Abb., 161 Seiten, ISBN 3-540-55431-9   88,– DM

49 Wisbacher, J.
Methoden zur rationellen Automatisierung der Montage
von Schnellbefestigungselementen
1992, 77 Abb., 176 Seiten, ISBN 3-540-55512-9   88,– DM

50 Garnich. F.
Laserbearbeitung mit Robotern
1992, 110 Abb., 184 Seiten, ISBN 3-540- 55513-7   88,– DM

51 Eubert, P.
Digitale Zustandsregelung elektrischer Vorschubantriebe
1992, 89 Abb., 159 Seiten, ISBN 3-540-44441-2   88,– DM

52 Glaas, W.
Rechnerintegrierte Kabelsatzfertigung
1992, 67 Abb., 140 Seiten, ISBN 3-540-55749-0   88,– DM

53 Helml, H.J.
Ein Verfahren zur on-line Fehlererkennung und Diagnose
1992, 60 Abb., 153 Seiten, ISBN 3-540-55750-4   88,– DM

54 Lang, Ch.
Wissensbasierte Unterstützung der Verfügbarkeitsplanung
1992, 75 Abb., 150 Seiten, ISBN 3-540-55751-2   88,– DM

55 Schuster, G.
Rechnergestütztes Planungssystem für die flexibel
automatisierte Montage
1992, 67 Abb., 135 Seiten, ISBN 3-540-55830-6   88,– DM

56 Bomm, H.
Ein Ziel- und Kennzahlensystem zum Investitionscontrolling
komplexer Produktionssysteme
1992, 87 Abb., 195 Seiten, ISBN 3-540-55964-7   88,– DM

57 Wendt, A.
Qualitätssicherung in flexibel automatisierten Montagesystemen
1992, 74 Abb., 179 Seiten, ISBN 3-540-56044-0   88,– DM

58 Hansmaier, H.
Rechnergestütztes Verfahren zur Geräuschminderung
1993, 67 Abb., 156 Seiten, ISBN 3-540-56043-2   88,– DM

59 Dilling, U.
Planung von Fertigungssystemen unterstützt
durch Wirtschaftlichkeitssimulation
1993, 72 Abb., 146 Seiten, ISBN 3-540-56307-5   88,– DM

60 Strohmayr, R.
Rechnergestützte Auswahl und Konfiguration
von Zubringeeinrichtungen
1993, 80 Abb., 152 Seiten, ISBN 3-540-56652-X   88,– DM

61 Glas, J.
Standardisierter Aufbau anwendungsspezifischer
Zellenrechnersoftware
1993, 80 Abb., 145 Seiten, ISBN 3-540-56890-5   88,– DM

62 Stetter, R.
Rechnergestützte Simulationswerkzeuge zur
Effizienzsteigerung des Industrierobotereinsatzes
1994, 91 Abb., 146 Seiten, ISBN 3-540-568891   88,– DM

63 Dirndorfer, A.
Robotersysteme zur förderbandsynchronen Montage
1993, 76 Abb, 144 Seiten, ISBN 3-540-57031-4   88,– DM

64 Wiedemann, M.
Simulation des Schwingungsverhaltens spanender Werkzeugmaschinen
1993, 81 Abb., 137 Seiten, ISBN 3-540-57177-9   88,– DM

65 Woenckhaus, Ch.
Rechnergestütztes System zur automatisierten 3D-Layoutoptimierung
1994, 81 Abb., 140 Seiten,ISBN 3540-57284-8   88,- DM

66 Kummetsteiner, G.
3D-Bewegungssimulation als integratives Hilfsmittel zur Planung
manueller Montagesysteme
1994, 62 Abb.; 146 Seiten, ISBN 3-540-57535-9   88,- DM

67 Kugelmann, F.
Einsatz nachgiebiger Elemente zur wirtschaftlichen Automatisierung
von Produktionssystemen
1993, 76 Abb,, 144 Seiten, ISBN 3-540-57549-9   88,- DM

68 Schwarz, H.
Simulationsgestützte CAD/CAM-Kopplung für die 3D-Laserbearbeitung
mit integrierter Sensorik
1994, 96 Abb., 148 Seiten, ISBN 3-540-57577-4   88,- DM

69 Viethen, U.
Systematik zum Prüfen in Flexiblen Fertigungssytemen
1994, 70 Abb., 142 Seiten, ISBN 3-540-57794-7   88,- DM

70 Seehuber, M.
Automatische Inbetriebnahme geschwindigkeitsadaptiver Zustandsregler
1994, 72 Abb., 155 Seiten, ISBN 3-540-57896-X   88,- DM

71 Amann, W.
Eine Simulationsumgebung für Planung und Betrieb
von Produktionssystemen
1994, 71 Abb., 129 Seiten, ISBN 3-540-57924-9   88,- DM

73 Welling, A.
Effizienter Einsatz bildgebender Sensoren zur Flexibilisierung
automatisierter Handhabungsvorgänge
1994, 66 Abb., 139 Seiten, ISBN 3-540-580-0   88,- DM

74 Zetlmayer, H,
Verfahren zur simulationsgestützen Produktionsregelung
in der Einzel- und Kleinserienproduktion
1994, 62 Abb., 143 Seiten, ISBN 3-540-58134-0   88,- DM

75. Lindl, M.
Auftragsleittechnik für Konstruktion und Arbeitsplanung
1994, 66 Abb,. 147 Seiten, ISBN 3-540-58221-5   88,- DM

76 Zipper, B.
Das integrierte Betriebsmittelwesen – Baustein einer flexiblen Fertigung
1994, 64 Abb., 147 Seiten, ISBN 3-540-58222-3   88,- DM

77 Raith, P.
Programmierung und Simulation von Zellenabläufen
in der Arbeitsvorbereitung
1995, 51 Abb., 130 Seiten, ISBN 3-540-58223-1   88,- DM

78 Engel, A.
Strömungstechnische Optimierung von Produktionssystemen
durch Simulation
1994, 69 Abb., 160 Seiten, ISBN 3-540-58258-4   88,- DM

79 Zäh, M. F.
Dynamisches Prozeßmodell Kreissägen
1995, 95 Abb., 186 Seiten, ISBN 3-540-58624-5   88,– DM

80 Zwanzer, N.
Technologisches Prozeßmodell für die Kugelschleifbearbeitung
1995, 65 Abb., 150 Seiten, ISBN 3-540-58634-2   88,– DM

81 Romanow, P.
Konstruktionsbegleitende Kalkulation von Werkzeugmaschinen
1995, 66 Abb., 151 Seiten, ISBN 3-540-58771-3   88,– DM

82 Kahlenberg, R.
Integrierte Qualitätssicherung in flexiblen Fertigungszellen
1995, 71 Abb., 136 Seiten, ISBN 3-540-58772-1   88,– DM

83 Huber, A.
Arbeitsfolgenplannung mehrstufiger Prozesse in der Hartbearbeitung
1995, 87 Abb., 152 Seiten, ISBN 3-540-58773-X   88,– DM

84 Birkel, G.
Aufwandsminimierter Wissenserwerb für die Diagnose
in flexiblen Produktionszellen
1995, 64 Abb., 137 Seiten, ISBN 3-540-58869-8   88,– DM

85 Simon, D.
Fertigungsregelung durch zielgrößenorientierte Planung und
logistisches Störungsmanagment
1995, 77 Abb., 132 Seiten, ISBN 3-540-58942-2   88,– DM

86 Nedeljkovic-Groha, V.
Systematische Planung anwendungsspezifischer Materialflußsteuerungen
1995, 94 Abb., 188 Seiten, ISBN 3-540-58953-8   88,– DM

87 Rockland, M.
Flexibilisierung der automatischen Teilebereitstellung in Montageanlagen
1995, 83 Abb., 151 Seiten, ISBN 3-540-58999-6   88,– DM

88 Linner, St.
Konzept einer integrierten Produktentwicklung
1995, 67 Abb., 168 Seiten, ISBN 3-540-59016-1   88,– DM

89 Eder, Th.
Integrierte Planung von Informationssystemen für rechnergestützte
Produktionssysteme
1995, 62 Abb., 150 Seiten, ISBN 3-540-59084-6   88,– DM

90 Deutschle, U.
Prozeßorientierte Organisation der Auftragsentwicklung in mittelständischen
Unternehmen
1995, 80 Abb., 188 Seiten, ISBN 3-540-59337-3   88,– DM

91 Dieterle, A.
Recyclingintegrierte Produktentwicklung
1995, 68 Abb., 146 Seiten, ISBN 3-540-60120-1   88,– DM

92 Hechl, Ch.
Personalorientierte Montageplanung für komplexe
und variantenreich Produkte
1995, 73 Abb., 158 Seiten, ISBN 3-540-60325-5   88,– DM

93 Albertz, F.
Dynamikgerechter Entwurf von Werkzeugmaschinen – Gestellstrukturen
1995, 83 Abb., 156 Seiten, ISBN 3-540-60606-8   88,– DM

94 Trunzer, W.
Strategien zur On-Line Bahnplanung bei Robotern mit 3D-Konturfolgesensoren
1996, 101 Abb., 164 Seiten, ISBN 3-540-60961-X   88,– DM

95 Fichtmüller, N.
Rationalisierung durch flexible, hybride Montagesysteme
1996, 83 Abb., 145 Seiten, ISBN 3-540-60960-1   88,– DM

96 Trucks, V.
Rechnergestützte Beurteilung von Getriebestrukturen in Werkzeugmaschinen
1996, 64 Abb., 141 Seiten, ISBN 3-540-60599-8   88,– DM

97 Schäffer, G.
Systematische Integration adaptiver Produktionssysteme
1996, 71 Abb., 170 Seiten, ISBN 3-540-60958-X   88,– DM

98 Koch, M. R.
Autonome Fertigungszellen – Gestaltung, Steuerung und
integrierte Störungsbehandlung
1996, 67 Abb., 138 Seiten, ISBN 3-540-61104-5   88,– DM

99 Moctezuma de la Barrera, J. L.
Ein durchgängiges System zur computer- und roboterunterstützten Chirurgie
1996, 99Abb., 175 Seiten, ISBN 3-540-61145-2   88,– DM

100 Geuer, A.
Einsatzpotential des Rapid Prototyping in der Produktentwicklung
1996, 84 Abb., 154 Seiten, ISBN 3-540-61495-8   88,– DM

101 Ebner, C
Ganzheitliches Verfügbarkeits- und Qualitätsmanagement unter
Verwendung von Felddaten
1996, 67 Abb., 132 Seiten, ISBN 3-540-61678-0   88,– DM

102 Pischeltsrieder, K.
Steuerung autonomer mobiler Roboter in der Produktion
1996, 74 A., 171 Seiten, ISBN 3-540-61714-0   88,– DM

103 Köhler, R.
Disposition und Materialbereitstellung bei komplexen
variantenreichen Kleinserienprodukten
1997, 62 Abb., 177 Seiten, ISBN 3-540-62024-9   88,– DM

104 Feldmann. Ch.
Eine Methode für die integrierte rechnergestützte Montageplanung
1997, 71 Abb., 163 Seiten, ISBN 3-540-62059-1   88,– DM

105 Lehmann, H.
Integrierte Materialfluß- und Layoutplanung durch Kopplung
von CAD- und Ablaufsimulationssystem
1997, 96 Abb., 191 Seiten, ISBN 3-540-62202-0   88,– DM